Advances in Anatomy, Embryology and Cell Biology
Ergebnisse der Anatomie und Entwicklungsgeschichte
Revues d'anatomie et de morphologie expérimentale

Vol. 54 · Fasc. 1

Editors:
A. Brodal, Oslo · W. Hild, Galveston · J. van Limborgh,
Amsterdam · R. Ortmann, Köln · T.H. Schiebler,
Würzburg · G. Töndury, Zürich · E. Wolff, Paris

Wilhelm Möller

Circumventriculäre Organe in der Gewebekultur

Circumventricular Organs in Cell Culture

Mit 34 Abbildungen

Springer-Verlag Berlin Heidelberg New York 1978

Professor Dr. Wilhelm Möller, Zentrum für Anatomie und Cytobiologie der
Justus Liebig Universität Gießen, Aulweg 123, D–6300 Gießen

ISBN-13: 978-3-540-08578-2   e-ISBN-13: 978-3-642-66845-6
DOI: 10.1007/978-3-642-66845-6

Library of Congress Cataloging in Publication Data. Möller, Wilhelm, 1937-   Circumventriculäre
Organe in der Gewebekultur = Circumventricular organs in cell culture. (Ergebnisse der Anatomie
und Entwicklungsgeschichte; 54/1) Bibliography: p.   1. Circumventricular organs-Cultures and
culture media. 2. Tissue culture. I. Title. II. Title: Circumventricular organs in cell culture. III.
Series: Advances in anatomy, embryology, and cell biology; 54/1. [DNLM: 1. Cerebral ventricles-
Anatomy and histology. 2. Choroid plexus-Anatomy and histology. 3. Pineal body-Anatomy and
histology. 4. Spinal cord-Anatomy and histology. 5. Glycogen-Metabolism. W1 AD433K v. 54.
fasc. 1/WL203 M693c] QL801.E67 vol. 54/1 [QP376] 574.4'08s [599'.01'88] 77-19030

Inhaltsverzeichnis

1. Summary

Studies on the structure and function of avian circumventricular organs in vitro
(choroid plexus, glycogen body, pineal organ).

The walls of the ventricular system in the brain show regional specializations termed
circumventricular organs. Despite the fact that these organs have been sufficiently
described morphologically, a convincing functional concept is lacking, especially in relation to adjacent nervous centers and to the cerebrospinal fluid. In vitro experimenta-
tion allows isolated analysis of circumventricular organs without interaction of other
neuronal or humoral influences. Three avian circumventricular organs were selected for
the present in vitro study: 1. choroid plexus, 2. glycogen body, and 3. pineal organ,
all having the advantage of being anatomically well defined and therefore suited for
clean and easy isolation. Each of these represents an individual case with special prob-
lems for study in organ or cell culture.

1.1. Choroid Plexus

In cultures of the choroid plexus the lack of vascular supply eliminates an important
functional component which determines in vivo the polar organization of the plexus
epithelium. Therefore, tissue culture studies are limited to processes occurring at the
apical surface of the cell and focussed on the interaction between the cell and the
culture medium. Choroid plexus from the lateral ventricles of 18 day-old chick embryos were cultured successfully for up to 120 days in medium 199. In contrast, the
choroid plexuses from the third and fourth ventricles required much greater amounts
of media for effective cultivation.

Apical blebs originating from swellings of the microvilli can be regarded as the primary reaction in all cultured choroid plexuses. Some of the blebs displayed a tri-
lamellar envelopment, notably more prominent in plexuses of the third and fourth
ventricles, which was abolished by addition of excess medium.

During the first days of culture, the plexus became swollen by an uptake of fluid
through the plexus epithelia, in the course of which the columnar cells flattened and
the plexus stroma underwent degradation. The process of fluid uptake was characteri-
zed by apical vesiculation and an enlargement of the intercellular space beneath the
tight junctions. This process was regularly observed in the plexus of the lateral ventricles, whereas in the plexuses of the third and fourth ventricles swelling did not take
place, evidently due to the lack of junctions at the cut of the organ.

Even after long periods of cultivation, the plexus epithelium showed typical ultrastructural features, although an increase in lysosomes and intra- and extracellular lamellar complexes was noted. Typical age-dependent structures, such as the Biondi bodies described in man, were not present.

A circular arrangement of cilia around the borders of the epithelial cells was determined by scanning electron microscopy. These structures as well as the microvilli
decreased over longer periods of cultivation.

Plexus cultures which had been frozen for conservation and subsequently sectioned in a cryostat were also successfully cultivated as determined by ciliary movement. Plexus from all ventricles took up from the media serotonin, epinephrine, norepinephrine and dopamine. Using the fluorescence technique of Falck and Hillarp, the uptake of serotonin and norepinephrine was shown to take place at different sites in the plexus. The character of the fluorophores was identified by microspectrofluorometry. Similar results were obtained when mixtures of serotonin/dopamine or serotonin/epinephrine were added to the culture media.

1.2. Glycogen Body

Among vertebrates, only birds possess an accumulation of glycogenrich cells — the "glycogen body" — surrounding the central channel in the lumbal intumescence of the spinal cord. The elucidation of the origin and cytological character of the glycogen body has remained unresolved to date, although there is evidence that its cells might represent specialized glial elements.

In the present study an attempt was made to analyse the properties of these highly specialized cells by dedifferentiation in cell cultures. Cultures with high and low cell densities were used. The features of growth of the avian glycogen body in tissue culture depend on the density of its cell population. In dense cultures the cells reaggreated in an organotypic pattern. In cultures of low densities glycogen body cells extruded their glycogen and were transformed into astrocyte-like elements. Addition of dBcAMP to the media caused a ramification of cell processes which is not identical to that seen in normal cultures. Numerous binucleated cells as well as cells with large nuclei were also observed. As shown by incorporation of ^{3}H-thymidine and cytophotometry of Feulgen-stained cultures these cells most likely originate by endoreduplication and amitosis.

1.3. Pineal Organ

The studies on the pineal organ of the house sparrow, *Passer domesticus* in organ culture were based on the work of Menaker and associates, who demonstrated an important role of the organ in circadian locomotory activity. In order to determine whether the pineal acts as an osciliator or as a neuroendocrine transducer, a series of experiments were performed employing different culture techniques, which were aimed at standardiziation of the methodology and in addition allowed a harvesting of specimens from one organ (cultured vibratome-sections) at different time intervals for futher analysis.

Total pineal organs of the house sparrow were cultured in medium 199. During the first days in culture, a degeneration of the organ center was observed. At the same time the margins of the organ displayed normal ultrastructural features. However, typical receptor-like pinealocytes bearing an outer segment were never seen in tissue cultures.

Nerve cells could be demonstrated even after long culture periods using the acetylcholine esterase reaction.

The serotonin-producing ability of pinealocytes was studied under different culture conditions using the Falck-Hillarp method. Under standard culture conditions, serotonin fluorescence was clearly detectable when 5-hydroxytryptophan was added to the culture medium; the characteristic serotonin fluorophore could not be demonstrated after addition of tryptophan to the culture medium. A twenty fold difference in the serotonin content was found biochemically between the two experimental groups. This difference was correlated to the appearance of numerous dense core vesicles, 1200 Å in diameter, in the former culture.

Using perfusion and an improved device for instillation of gas mixtures, the central degeneration of the pineal organ was decidedly reduced. Furthermore, under these conditions, serotonin was synthesized from tryptophan.

Culture experiments of vibratome sections, 100–300 μm in thickness, were successfully carried out. This procedure allows successive serial sampling for cultivation and subsequent structural and chemical analysis.

2. Einführung

Die Wandungen der Ventrikelräume des Zentralnervensystems weisen regionale Differenzierungen auf, die in ihrer Gesamtheit von Bargmann und Hofer (s. Hofer, 1958) als circumventrikuläre Organe bezeichnet wurden. Ihre Benennung richtet sich nach der Lage im Gehirn (Subcommissuralorgan, SCO; Paraventrikularorgan, PVA; Subfornicalorgan, SFO; Eminentia mediana, EM; Tuberalorgan, TO; Area recessus lateralis, ARL; Area postrema, AP) oder nach besonderen Strukturmerkmalen (Saccus vasculosus, SV; Organon vasculosum laminae terminalis, OVLT; Plexus chorioideus, PC), wenn nicht ältere, den Organcharakter unterstreichende Bezeichnungen verwendet werden (Paraphyse, PA: Epiphysis cerebi = Pinealorgan, E: Neurophypophyse, NH) (vgl. Abb. 1).

Bei einer weiteren Fassung des Begriffes der „circumventrikulären Organe", die alle an das Liquorsystem primär oder sekundär angrenzenden oder in der Entwicklung mit dem Ventrikelsystem verbundenen Strukturen einschließt, muß auch der Glykogenkörper im Lumbalmark der Vögel mit berücksichtigt werden.

Die Gliederung von Vigh (1971), der ependymale, hypendymale und chorioidale circumventrikuläre Organe unterscheidet, schafft eine Systematik auf der Grundlage der zellulären Bauelemente. Diese Gliederung richtet sich nach Strukturelementen, die in variabler Komplexität die einzelnen circumventrikulären Organe aufbauen.

Ependymzellen, die sich einerseits durch unterschiedliche Strukturmerkmale, andererseits durch verschiedene resorptive und sekretorische Leistungen auszeichnen, spielen eine Rolle für die Produktion und Homeostase des Liquor cerebrospinalis.

Die in manchen circumventrikulären Organen (z.B. Subfornikalorgan, Organon vasculosum laminae terminalis, Plexus chorioideus) erkennbaren Beziehungen zu einem spezialisierten Gefäßapparat geben Anlaß zu Fragen nach Besonderheiten der Blut-Liquorschranke und nach neuroendokrinen Funktionen. Vor allem in den circumventrikulären Organen des hypendymalen Typs (z.B. Organon vasculosum laminae terminalis, Subfornicalorgan) haben Neurone mit sensorischen und sekretorischen Leistungen funktionelle Beziehungen zum Liquor cerebrospinalis und zu tieferen, noch nicht einwandfrei identifizierten Zentren des Gehirns. Sie werden als Meßfühler eines komplexen nervösen und neuroendokrinen Apparates gedeutet.

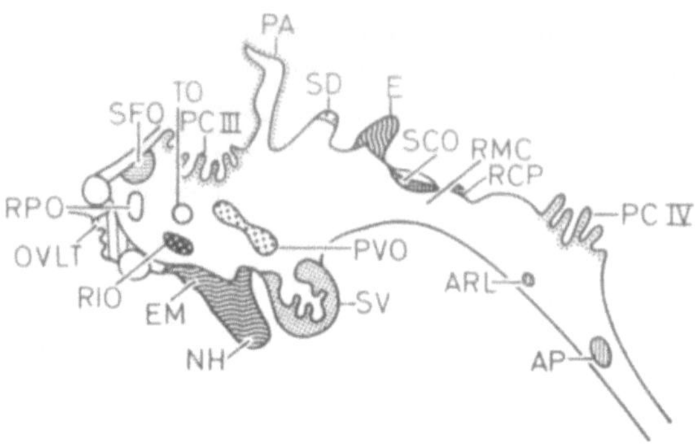

Abb. 1. Schematische Übersicht der circumventrikulären Organe bei Vertebraten (nach Vigh, 1971; Oksche, 1972).

AP Area postrema, *ARL* Area recessus lateralis, *E* Epiphysis cerebri = Pinealorgan, *EM* Eminentia mediana, *NH* Neurohypophyse, *OVLT* Organon vasculosum laminae terminalis, *PA* Paraphysis, *PC* Plexus chorioideus, *PVO* Paraventrikularorgan, *RCP* Ependym des Recessus colliculi superioris, *RIO* Recessus infindibularis-Organ, *RMC* Ependym des Recessus mesocoelicus, *RPO* Recessus praeopticus-Organ, *SCO* Subcommissuralorgan, *SD* Saccus dorsalis, *SFO* Subfornicalorgan, *SV* Saccus vasculosus, *TO* Tuberalorgan

Fig. 1. Synoptic diagram of circumventricular organs in vertebrates (according to Vigh 1971, Oksche 1972).

AP area postrema, *ARL* area recessus lateralis, *E* pineal organ = epiphysis cerebri, *EM* median eminence, *NH* neural lobe of the hypophysis, *PC* III and *PC* IV choroid plexuses, *PVO* paraventricular organ, *RCP* ependyma of the recessus colliculi superioris, *RIO* ependymal organ of the infundibular recess, *RMC* ependyma of the recessus mesocoelicus, *PPO* recessus preopticus organ, *SCO* subcommissural organ, *SD* dorsal sac, *SFO* subfornical organ, *SV* saccus vasculosus, *TO* tuberal organ. For glycogen body see Fig. 10

Akert und Mitarbeiter haben in Einzelzellableitungen an bestimmten Neuronen des Subfornicalorgans ein selektives Ansprechen auf Angiotensin II ermittelt (vgl. Sterba, Hrsg., 1975). Das Pinealorgan der Säugetiere wurde in den letzten Jahren als neuroendokrine Schaltstelle ('neuroendocrine Transducer', Axelrod) erkannt. Die Pinealocyten, die sich in einer phylogenetischen Reihe von primären Lichtsinneszellen ableiten lassen (Collin, 1971; Oksche, 1971), sind als modifizierte Neurone anzusehen, die Ähnlichkeiten mit Liquorkontaktneuronen (Vigh und Vigh-Teichmann, 1974; Vigh, Vigh-Teichmann und Aros, 1975) besitzen. Diese circumventrikulären Organge werden zum Teil durch aminerge Afferenzen aus tieferen Abschnitten des Hirnstammes gesteuert. Das Subcommissuralorgan sezerniert den an Glykanen reichen Reissnerschen Faden, der vermutlich als Ionenaustauscher fungiert oder durch Absorbtion biogene Amine aus dem Liquor eliminiert (vgl. Sterba, Hrsg., 1975). Komplexe Transportvorgänge kennzeichnen die Funktionen der Plexus chorioidei und auch des Saccus vasculosus (vgl. Sterba, Hrsg., 1975).

Diese Beispiele zeigen, daß es zur Zeit keine funktionelle Konzeption gibt, die in der Lage wäre, alle circumventrikulären Organe als Teile eines einzigen Funktionskreises zum Liquor cerebrospinalis in Beziehung zu setzen (vgl. Sterba, Hrsg., 1975). Ein solches allgemeines auf den Liquor bezogenes Konzept der circumventriculären Organe kann zudem keine Gültigkeit für alle Wirbeltiere haben, weil einzelne circumventrikuläre Organe nicht bei allen Vertebraten ausgebildet sind (Saccus vasculosus, Paraventricularorgan, Glykogenkörper) oder in verschiedenen Wirbeltierklassen

morphologische und physiologische Differenzierungen aufweisen, die in eine durch
Funktionswandel gekennzeichnete phylogenetische Reihe eingeordnet werden können (Pinealorgan).

Wenn auch die funktionellen Beziehungen der einzelnen circumventrikulären Organe
zum Liquor cerebrospinalis verschieden sind (Filtration, Sekretion, Resorption,
Transport, Rezeption), so erscheint ihre Eingliederung in verschiedene klar umrissene
Funktionskreise — mit einer Koppelung an das Liquorsystem — erstrebenswert (vgl.
Sterba, Hrsg., 1975). Bevor ein solches Gesamtkonzept erstellt werden kann, sind
weitere detailreiche Kenntnisse über Struktur und Funktion der circumventrikulären
Organe erforderlich. In diesen Fragestellungen haben in vitro-Experimente einen
besonderen Platz, da sie eine Analyse der Eigenleistungen des Organparenchyms
ohne humerale und neuronale Steuerung gestatten.

Die für die im folgenden dargestellten in vitro-Studien ausgewählten circumventrikulären Organe besitzen für Kulturexperimente vor anderen den Vorzug, daß sie
präparierbar abgegrenzte Einheiten darstellen. Die besonderen Fragestellungen, die
den Plexus chorioideus, den Glykogenkörper und das Pinealorgan betreffen, werden
einleitend in diesen drei Abschnitten aufgezeigt[1,2]

3. Plexus chorioidei

3.1. Fragestellung

Die Plexus chorioidei zeichnen sich durch ihre starke Oberflächenentfaltung, die hohe
cytologische Differenzierung ihres ependymalen Epithels und eine starke Vaskulari-
sierung des bindegewebigen Stromas aus. Sie stellen eine Grenzschicht zwischen Liquor
cerebrospinalis und Blutbahn dar, die funktionell eng mit der Bildung und Homeostase
des Liquor zusammenhängt (vgl. Schaltenbrand, 1955; Sisson, 1969, Dohrmann, 1970;
Cserr, 1971; Oksche und Möller, 1972; Bargmann et al., im Druck).

Als besondere Strukturgrundlagen dieser Leistungen sind am Plexusepithel 1) die
Ausbildung von Mikrovilli an der apikalen zilientragenden Oberfläche, 2) das Vorhandensein von basalen Plasmalemmeinfaltungen anzusehen. Solche Strukturen sind
für die Epithelien mit Transportfunktionen charakteristisch. Untereinander sind die
Plexusepithelzellen durch Schlußleisten verbunden, die sich während der Embryonalentwicklung zunehmend komplexer gestalten (Bohr und Møllgard, 1974). Pinocytotische Bläschen werden sowohl an der apikalen und basalen als auch an der lateralen Zellgrenze angetroffen. Das Cytoplasma ist reich an Mitochondrien und enthält als weitere Organellen granuläres und agranuläres endoplasmatisches Retikulum,
Golgi-Apparat, freie Ribosomen, Lysosomen und verschiedenartige Cytosomen. Strukturen, die auf eine Sekretion nach der Art einer exokrinen Drüse (vgl. Galeotti, 1887;
Studnicka, 1900) hindeuten könnten, wurden bislang weder licht- noch elektronenmikroskopisch gefunden. (Becker et al., 1967; Brightman und Reese, 1969; Dohrmann

---

[1] Herrn Prof. Dr. A. Oksche danke ich für Anregung, großzügige Unterstützung und fördernde
Diskussion
[2] Dank gilt meiner Frau für verständnisvolle, umsichtige und sorgfältige Mitarbeit

und Henderson, 1970; Doolin und Birge, 1966, 1969; Duckett, 1971; Maxwell und Pease, 1956; Meller und Wagner, 1968a, 1968b; Meller et al., 1969; Merker, 1972; Pontenagel, 1961; Rodriguez, 1967; Rodriguez und Heller, 1970; Santolya und Rodriguez, 1968; Sundvall, 1917; Tennyson und Pappas, 1961; Wislocki und Ladmann, 1958; Wolff, 1962). In dem bindegewebigen Stroma befinden sich Mastzellen (Sundvall, 1917; Tsusaki et al., 1951; Wolff, 1962) und Makrophagen, die durch das Plexusepithel in das Ventrikellumen auswandern können (J. A. Kappers, 1953; Kolmer, 1921; Merker, 1972; Tennyson und Pappas, 1964; Carpenter et al., 1970). Die Kapillaren besitzen ein gefenstertes Epithel, durch das Goldsol, Thorotrast und Eisenoxydsaccharat hindurchgelangen (Pappas und Tennyson, 1962).

Embryonale Plexus zeichnen sich durch einen Reichtum an Glykogen aus (Duckett, 1971; Meller und Wagner, 1968; Oksche, 1958; Oksche et al., 1969; Shuangshoti und Netsky, 1966), das während der Entwicklung abgebaut wird. Bei winterschlafenden Säugern (Oksche et al., 1969) und bei Amphibien wurde auch im adulten Zustand ein Glykogendepot im Plexusepithel festgestellt (Paul, 1968, 1972a; Rodriguez und Heller, 1970; Wolff, 1972). Bei *Rana temporaria* kann dieses Glykogen durch Adrenalin entspeichert werden (Paul, 1968), während bei der Maus durch Verabfolgung von Reserpin eine Glykogenakkumulation erzielt wurde (Suzuki und Ito, 1974). In dem phasenhaften Auftreten von Glykogendepots in der Entwicklung und bei verschiedenen adulten Wirbeltieren manifestieren sich speziesbedingte und funktionelle Unterschiede, die trotz ihrer Beziehungen zur Ausbildung eines oxydativen Stoffwechsels in der Entwicklung (Friede, 1966) und zur histochemischen Darstellbarkeit von Enzymen des Kohlenhydratstoffwechsels (Paul, 1968, 1972) nicht abschließend funktionell interpretiert werden können.

Als paraplasmatische Einschlüsse werden in den Plexusepithelzellen außerdem noch Lipide, Lipofuscin und Haemosiderin angetroffen (Flather, 1923; Case, 1959). Besondere Altersveränderungen (Biondi-Körper) sind bislang nur beim Menschen festgestellt und analysiert worden (Bargmann, 1955; Bargmann und Katritsis, 1966; Biondi, 1933, 1956; Oksche und Vaupel-v. Harnack, 1969; Oksche und Kirschstein, 1972; Brody, 1960).

Untersuchungen zur Funktion der Plexus chorioidei sind mit sehr verschiedenen Methoden durchgeführt worden. Die hauptsächlich auf den Befunden von Cushing (1914) und Dandy (1919) basierenden Vorstellungen über die funktionelle Bedeutung der Plexus als Produzenten des Liquor cerebrospinalis müssen nach den Untersuchungen von Milhorat (1969), Milhorat et al. (1970), Milhorat et al. (1971), Polay et al. (1967), Curl und Polay (1968), Sato et al. (1971), Behring und Sato (1963) dahingehend modifiziert werden, daß die Plexus choriodei an der Bildung und Homeostase des Liquor beteiligt sind, jedoch nicht die alleinigen Lieferanten der cerebrospinalen Flüssigkeit darstellen.

Diese Ansicht wird durch vergleichend-anatomische und embryologische Befunde gestützt. So besitzen *Branchiostoma* und *Myxine* keine Plexus chorioidei (Adam, 1957), und in der Embryonalentwicklung differenzieren sich die Plexus in liquorgefüllten Ventrikeln (Shuangshoti und Netsky, 1966; Schachenmayer, 1967; Wolff, 1962).

Durch Ventrikelperfusionen gewonnene Daten über Liquorbildung und Resorption aus dem Liquor (Pappenheimer et al., 1962; Heisey, Held und Pappenheimer, 1962; Polay, 1966; Cserr, 1965; Pappenheimer, Heisey und Jordan, 1961; Bradbury und Dawson, 1964; Cutler et al., 1968; Hochwald und Wallenstein, 1966, 1967) lassen keinen direkten Schluß auf die Leistung des Plexus zu, weil Leistungen des Ventrikelependyms (siehe oben) nicht abgrenzbar sind.

Für verschiedene (z.T. physiologisch nicht vorkommende) Stoffe sind am Plexus chorioideus unterschiedliche Transportwege und Barrieren (Blut-Liquor-Schranke) ermittelt worden. Thorotrast wird aus dem Liquor in das Plexusepithel aufgenommen (Tennyson und Pappas, 1961). Trypanblau gelangt aus der Blutbahn in das Plexusepithel (Wislocky und Dempsey, 1948; Wolff, 1962). Peroxydase wird ebenfalls durch Pinocytose von der Blutseite her aufgenommen und in den Lysosomen der Plexuszelle gespeichert (Becker et al., 1967), gelangt aber mit Hilfe eines pinocytotischen Mechanismus auch von der Liquorseite in die Plexusepithelzelle (Becker und Almazon, 1968). Lanthan penetriert sowohl aus der Blutbahn als auch vom Liquor her durch den Interzellularraum und das Schlußleistensystem die Schicht des Plexusepithels (Castel et al., 1974). Basisische Farbstoffe werden unter physiologischen Bedingungen in das Plexusepithel aufgenommen, saure Farbstoffe gelangen auch von der Liquorseite durch das Epithel hindurch in das Stroma (Stiehler und Flexner, 1938; Rall und Sheldon, 1962; Cameron, 1953; Lumsden, 1958). Diese Mechanismen bilden sich während der Ontogenese aus (Flexner und Stiehler, 1938). Fluorescinmarkiertes Serumalbumin wird durch das Epithel, z.T. ungleichmäßig in verschiedenen Villi, in das Stroma aufgenommen (Klatzo et al., 1964; Smith et al., 1964), während es bei Gegenwart von unmarkiertem Gammaglobulin in den Plexusepithelien lokalisiert ist, was auf kompliziertere Mechanismen des Proteintransports hinweist (Smith et al., 1964). Die Mechanismen dieses Transports bilden sich beim Huhn nach dem neunten Bebrütungstag aus (Smith et al., 1964).

Diesen mit morphologischen Methoden verfolgbaren Transportleistungen stehen morphologisch nicht faßbare Leistungen durch transepitheliale Diffusion und aktiven Transport in beide Richtungen gegenüber. Die eindeutigsten Experimente sind die von Pollay et al. (1972), Welch (1963) und Welch et al. (1966), die durch Vergleich des Haematokrits von arteriellem und venösem Blut nach Passage des Plexus die Menge des gebildeten Liquor ermittelten. Ein ausgezeichnetes Modell zum Studium von Transportvorgängen am Plexusepithel bietet der Plexus des IV. Ventrikels von *Rana catesbeiana*, an dem Wright (1970, 1972a, 1972b) Ionentransport (u.a. aktiven Na-Transport) und Aminosäurenaufnahme des Plexus analysiert hat.

Die meisten Transportstudien am Plexus chorioideus wurden mit Hilfe von in vitro-Inkubationen durchgeführt. Bei diesen Experimenten können nur resorptive Leistungen des Plexus ermittelt werden. Aktive Aufnahme wurde für Proteine (Smith et al., 1964), verschiedene Zucker (Csaky und Rigor, 1964), Purine (Berlin, 1969), quarternäre Ammoniumverbindungen sowie Serotonin und Norepinephrin (Tochino und Schanker, 1965a, 1965b) Jodid (Welch, 1962a, Robinson et al., 1967, 1968), Thiocyanat (Welch, 1962b), Sulfat (Robinson et al., 1968), organische Farbstoffe (Rall und Sheldon, 1962; Cameron, 1953; Lumsden, 1958; Stiehler und Flexner, 1938; Flexner und Stiehler, 1938), und Aminosäuren (Lorenzo und Cutler, 1969) berichtet. Es liegt in der Natur dieser physiologisch-biochemischen Untersuchungen, daß sie keine morphologischen Angaben enthalten.

Der Unterschied zwischen diesen Experimenten und den mit klassischer Methodik durchgeführten Organkulturen (Schludermann, 1938; Hogue, 1946, 1948; Cameron 1953; Lumsden, 1958), an denen bislang nur lichtmikroskopische Befunde vorliegen, ist hauptsächlich in der Dauer des Experiments und in der Art der Kulturtechnik zu erblicken. In dem Grenzbereich zwischen den kurzzeitigen in vitro-Inkubationen und den Organkulturen liegen die eigenen Untersuchungen, bei denen es auf die Entwicklung einer einfachen und reproduzierbaren Kulturtechnik für Langzeitversuche mit anschließender licht- und elektronenmikroskopischer Analyse von Primär- und Langzeitveränderungen ankam. Die besonderen Schwerpunkte dieser Bemühungen lagen bei der umstrittenen Frage einer ‚apokrinen Sekretion' (Hogue, 1946; Cameron, 1953; Lumsden, 1958; Smith et al., 1964), in der Vergleichbarkeit von Ultrastrukturveränderungen bei Organ- und Zellkulturen (Meller und Wagner, 1968; Meller et al., 1969; Meller und Breipohl, 1971; Meller et al., 1973) und in der kritischen Abwägung der Unterschiedlichkeit der Plexus chorioidei der einzelnen Ventrikelabschnitte, auf die Quay (1966, 1972a, 1972b) aufmerksam gemacht hat.

3.2. Material und Methoden

Plexus chorioidei der Seitenventrikel sowie des III. und IV. Ventrikels wurden unter sterilen Bedingungen dem Gehirn 18 Tage alter Hühnerembryonen entnommen, in getrennte Schalen mit Medium 199 aufgefangen und von dort mit einer Pasteurpipette in die Kulturgefäße überführt. Als Kulturgefäße dienten 250 ml Vierkantflaschen für maximal 30 Seitenventrikel-Plexus in 20 ml Medium, Leighton tubes und für einige Experimente 25 ml Erlenmeyerkolben. Die Kultur erfolgte mit begrenzter Luftmenge. Für die Lebendmikroskopie wurden die Plexus durch perforiertes Cellophan unter dem oberen Deckglas der Kulturkammer (Eigenkonstruktion) gehalten.

Medium 199 (Morgan et al., 1950) (Difco) wurde bei den ersten Experimenten mit Phenolrot, später ohne Phenolrot, ohne Komplettierung durch Seren usw. und ohne Antibiotica oder Fungistatica benutzt. Das Medium wurde einmal – in den Kulturkammern zweimal – wöchentlich gewechselt. Zusätze von Serum und Embryoextrakt wurden erprobt.

In einer Versuchsserie wurde gepoolter menschlicher Liquor cerebrospinalis, der aus diagnostischen Gründen entnommen war, nach Sterilfiltration allein oder gemischt mit Medium 199 oder Hanks-Lösung ãã als Kulturmedium verwendet.[3]

Als Zusätze zum Kulturmedium wurden in einigen Versuchsserien Serotonin (Kreatininsulfat) (Serva), L-Adrenalin (krist.) (Merck), Dopamin (HC1) (Serva) und L-Noradrenalin (Bitartrat) (Serva) einzeln oder in Kombinationen in Konzentrationen von 10^{-3} M und 5×10^{-4} M für verschiedene Inkubationszeiten verwendet.

Für transmissionselektronenmikroskopische Untersuchungen wurden die kultivierten Plexus in 2 % Glutaraldehyd in 0,2 M Cacodylat-Puffer (pH 7,4) mit 6,9 % Saccharose für 1 Stunde fixiert und dreimal bzw. über Nacht in Saccharose-Puffer gespült (Hündgen, 1968). Auf die Nachfixierung in 1 % Osmiumtetroxyd in 0,1 M Cacodylatpuffer sowie auf dreimaliges Spülen in Saccharose-Puffer und nach Dehydrieren in der aufsteigenden Alkoholreihe über Epoxypropan folgte die Einbettung in Epon. Die Eponmischung enthielt Epon 812, MNA und DDSA in einem Verhältnis von 45:35:25 mit 2 % Härter, entsprechend einem Verhältnis A:B von ungefähr 4:6 (Luft, 1961). Nach Fixierung in Osmiumtetroxyd wurde in der Pufferlösung eine lichtmikroskopische Kontrolle durchgeführt. Dünnschnitte (Ultramikrotom Reichert OmU2) wurden mit Uranylacetat-Bleicitrat (Reynolds, 1963) kontrastiert und bei einer Strahlspannung von 80 kV in einem Elektronenmikroskop Siemens 101 untersucht. Semidünnschnitte wurden mit Thionin-Methylenblau gefärbt (Rüdeberg, 1967).

Für rasterelektronenmikroskopische Untersuchungen wurden die kultivierten Plexus in Hanks- und in Saccharose-Puffer gespült. Nach Passage der aufsteigenden Alkoholreihe wurden die Proben über Frigen 11 in Frigen 13 überführt und nach der Critical-Point-Trocknung (Fromme et al., 1972)[4] mit Leitsilber oder trägerlosem Klebefilm (Gudy O'Neschen) auf Aluminiumträger mon-

---

[3] Die Befunde wurden in Auszügen auf den Versammlungen der Anatomischen Gesellschaft in Zagreb (1971) und Lausanne (1973) vorgetragen (s. Möller, 1972, 1974)

[4] Für die Durchführung der Trocknung danke ich Frau Dr. M. Pfautsch, Institut für Medizinische Physik der Westf. Wilhelms-Universität, Münster

tiert und mit Kohle/Gold bedampft. Die Aufnahmen wurden mit einem Rasterelektronenmikroskop Leitz AMR 1000 gemacht.[5]

Lichtmikroskopische Untersuchungen wurden nach Fixierung in 2 %igem Glutaraldehyd (vgl. Elektronenmikroskopie) oder in 4 %igem neutralen Formalin am Totalpräparat oder nach Einbettung über aufsteigende Alkoholreihe, Methylbenzoat, Zedernholzöl, Paraffinum liquidum in Paraffin 60° (Möller, 1976) an Schnittserien (10 μm) durchgeführt.

Von den durchgeführten Färbeverfahren brachten die folgenden verwertbare Ergebnisse: Haematoxylin-Eosin, PAS (McManus, 1946), Neutralrot nach von Volkmann (s. Romeis, 1968; § 1155), Schmorlsche Eisenreaktion (s. Romeis, 1968; § 1158), Aldehydfuchsin (Gomori, 1950). Versilberung nach PAP (Romeis, 1968; §§ 1565, 1572).

Fluoreszenzmikroskopische Untersuchungen wurden nach Gefriertrocknung (-35° C über Phosphorpentoxyd, 10^{-3} Torr für eine Woche), Bedampfung mit Paraformaldehyd (80°C, 3 Stunden) (Falck und Owmann, 1965) und Durchtränkung mit Paraffinum liquidum im Vakuum direkt am Totalpräparat oder nach Überführung in Paraffin 60° (Möller, 1976) am Schnitt (10μm) mit der Filterkombination UG1, BG 38/KV 550 durchgeführt. Für die Untersuchungen wurde ein Photomikroskop (Leitz Ortholux bzw. Ortholux II/Orthomat) mit Tiyoda Dunkelfeldkondensor (Appert. 1–1.25) verwendet. Den anschließenden mikrospektrographischen Analysen der Fluophore diente ein modifiziertes Mikrospektralphotometer MS 1206 (Beckmann, München) (Callas et al., 1974).

Für Einfrierversuche wurden Seitenventrikel-Plexus in eine abgemessene Menge Medium 199 überführt und die gleiche Menge einer Mischung aus 25 ml Medium 199, 15 ml foetalen Kälberserum (Behring) und 10 ml Dimethylsulfoxyd (DMSO) tropfenweise unter Umschwenken zugesetzt, so daß allmählich die folgende Medienzusammensetzung erreicht wurde: 75 ml Medium 199, 15 ml Serum, 10 ml DMSO (vgl. Dougherty, 1962). Bei den geringen Mengen an Medium schien dieses Vorgehen einfacher und sicherer als die direkte Zugabe von DMSO in kleinen Quantitäten. Als Einfriergefäße wurden starkwandige 10 ml Zentrifugengläser verwendet, die mit Silikonstopfen fest verschlossen wurden. Diese Gefäße wurden bei Zimmertemperatur in einen Styroporbehälter mit 2 cm Wandstärke und den Außenmaßen 7,5 x 7,5 x 12 cm gebracht und in einem Metallbehälter in das Kältebad eines Kältethermostaten (Colora), der bei Vollast -45°C erreichte, eingehängt. Nach einer Stunde haben die Proben diese Endtemperatur erreicht, so daß eine Temperatursenkung von $1-2^{\circ}$C/min. gegeben war. Die Proben wurden zur Lagerung entweder in flüssigen Stickstoff gebracht oder es wurde am gleichen oder nächsten Tag nach Lagerung in der Einfrierapparatur mit weiteren Experimenten begonnen. Das Auftauen der Gewebsproben erfolgte durch Einstellen in ein Wasserbad bei 37°C.

Für einige Versuche wurden Seitenventrikel-Plexus in 10 ml Plastikspritzen eingefroren; diese waren am Konusende abgeschnitten und nach dem Füllen mit einem Silikonstopfen fest verschlossen. Nach dem Einfrieren konnte der Eisblock mit dem Stempel herausgedrückt und auf dem Objekttisch eines Gefriermikrotoms (Kryomat, Leitz) aufgefroren werden. Bei voller Kälteleistung des Aggregats konnten Schnitte von 30, 50 und 100 μm Dicke gewonnen werden, die zum Auftauen in das Einfriermedium bei Zimmertemperatur überführt wurden. Diese wurde durch Zugabe von Medium in seinem Serum- und DMSO-Gehalt herabgesetzt und schließlich durch frisches Medium 199 ersetzt. Die Schnitte wurden mit Plasma und Embryoextrakt auf Deckgläsern befestigt oder frei schwimmend in Leighton tubes kultiviert. Das Mikrotom wurde nach Waschen mit Alkohol durch UV-Bestrahlung sterilisiert, das Messer nach Heißluftsterilisation vor Gebrauch eingebaut und gekühlt. Nach oben hin wurde das Mikrotom durch eine Glasplatte vor Kontamination geschützt.

Für die Lebendmikroskopie wurde ein Photomikroskop (Leitz Ortholux/Orthomat) mit Phasenkontrastoptik nach Zernicke, Kondensor mit 11 mm Schnittweite, in einem Mikroskopthermostaten (Eigenkonstruktion) verwendet.

---

[5] Die rasterelektronenmikroskopischen Aufnahmen sind durch das großzügige Entgegenkommen der Ernst Leitz Werke, Wetzlar, mit einem Leitz AMR 1000 gemacht worden

3.3. Befunde

Die Versuche mit verschiedenen Kulturmedien wurden an den Plexus chorioidei der
Seitenventrikel durchgeführt. Mit Medium 199 wurden Langzeitversuche vorgenommen (bis zu 133 Tagen), bei denen nach den Primärreaktionen der Plexus im weiteren
Verlauf der Kultur lichtmikroskopisch keine auffälligen Veränderungen festgestellt
wurden. Da Zusätze von Serum und/oder Embryoextrakt keine besseren Kulturergebnisse erbrachten, wurde in der Folge nur noch mit dem chemisch definierten Medium 199 gearbeitet.

In einer Versuchsserie mit Liquor cerebrospinalis und Mischungen von Liquor und
Medium 199 bzw. Hanks Lösung konnte kein positives Kulturergebnis erzielt werden.
Nach kurzer Kulturdauer wurde das Cytoplasma der Epithelzellen trüb und es lösten
sich ganze Epithelbezirke vom Stroma ab. Nach zwei Tagen wurden nur noch Reste
von Gefäßen und Bindegewebe angetroffen.

Die Lebendmikroskopie wurde bevorzugt an Seitenventrikel-Plexus durchgeführt,
da diese — im Vergleich zu den stark gefalteten Plexus des III. und IV. Ventrikels —
einen lockeren, verzweigten Bau mit weniger dicht gestellten Villi besitzen. Dennoch
ist wegen der Dicke der Organe nur eine Beobachtung mit schwacher Vergrößerung
möglich, so daß aufgrund der Lebendmikroskopie hauptsächlich Veränderungen der
Form und das Verhalten der Epitheloberfläche beschrieben werden können. Die Ergebnisse bestätigen die Befunde von Schludermann (1938), Cameron (1953) und
Lumsden (1958). In allen Kulturen wurde eine lebhafte Zilientätigkeit beobachtet,
die sich bei Temperaturerniedrigung verlangsamt hat. In den Buchten zwischen den
Villi beginnend und von dort auf die Kuppen der Villi fortschreitend, traten in verschiedenen Bereichen eines Plexus oberflächliche Cytoplasmaausstülpungen der Epithelzellen auf, die als Bläschen abgeschnürt wurden. Im Phasenkontrast erschienen
diese Bläschen dunkel oder auch hell bzw. hell mit dunklen Einschlüssen (s. Abb. 2).
Diese Reaktion war zu Beginn der Kultur besonders ausgeprägt. Sie trat in der Regel
in Kulturkammern mit kleineren Medienmengen stärker auf als in den Flaschenkulturen. Im weiteren Verlauf der Kultur ließ diese Reaktion nach und wurde dann nur
noch gelegentlich beim Umfüttern beobachtet. In einzelnen Fällen kam es unter
Zeichen einer besonders heftigen Reaktion zur Degeneration des Epithels. An den
Plexus chorioidei des III. und IV. Ventrikels manifestierte sich diese Reaktion wesentlich stärker als an den Plexus der Seitenventrikel. Anfänglich war es überhaupt nicht
möglich, Kulturen über mehrere Tage durchzuhalten. Durch Vermehrung des Kulturmediums in den Flaschenkulturen (ca. 15 Plexus/40 ml Medium) konnte diese Re-

---

Abb. 2a—c. Organkultur des Plexus chorioideus aus den Seitenventrikeln des Huhns. Lebendmikroskopie, Phasenkontrast. (a) Kultur kurz nach dem Ansatz, deutliche Zilien an der Epitheloberfläche. Vergrößerung: 400 x. (b) Von der Epitheloberfläche abgeschnürte Bläschen verschiedener Größe, die im Phasenkontrast dunkle Einschlüsse erkennen lassen, 1 Tag kultiviert. Vergrößerung: 400 x. (c) Von der Zelloberfläche abgeschnürte Bläschen 1 Stunde nach Ansatz der
Kultur. Einen Größenvergleich erlauben die Erythrocyten, die an dem hellen Hof und hellem Zentrum zu erkennen sind. Vergr. 100 x

Fig. 2a—c. Choroid plexus, lateral ventricle, 18 day chick embryo, organ culture, phase contrast.
(a) about 15 min in culture, note ciliated epithelium, x 400. (b) apical blebs which exhibit in phase
contrast dark and light inclusions, 1 day in culture, x 400. (c) masses of blebs pinched off from
the apical surface, 1 h. in culture, x 100

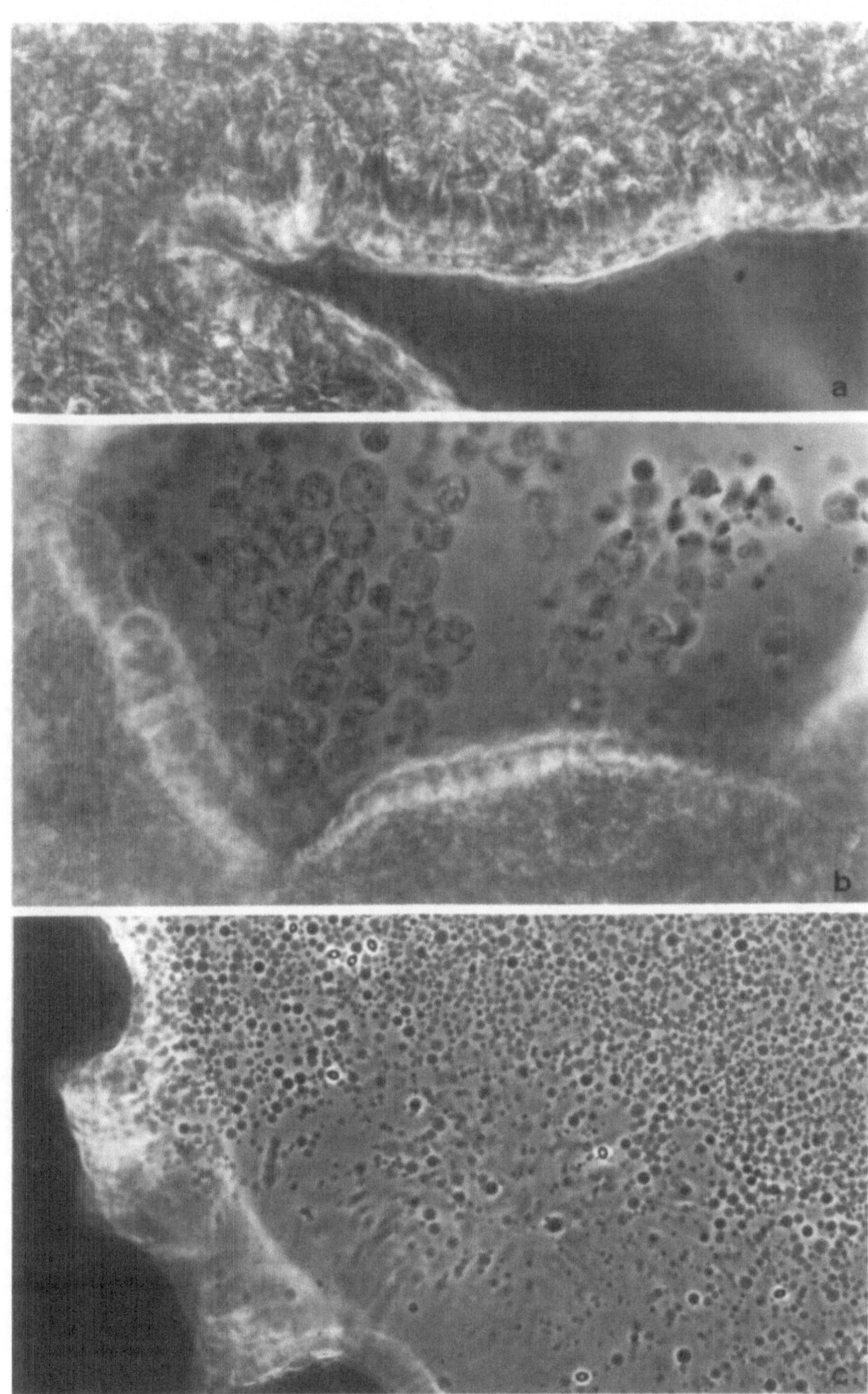

Abb. 2a—c

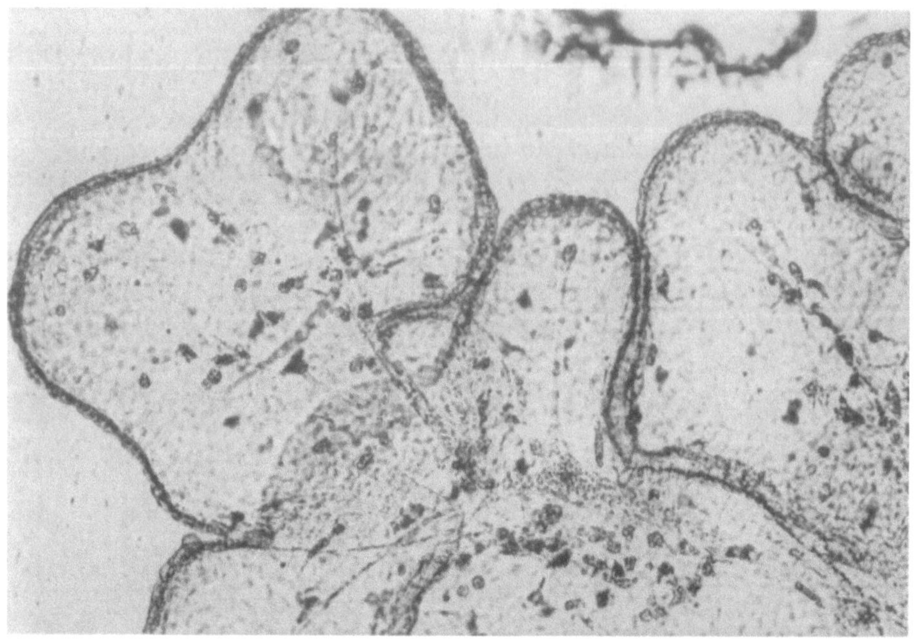

Abb. 3. Plexus chorioideus des Seitenventrikels, Huhn, 13 Tage kultiviert. Kulturkammer mit perforiertem Cellophan, Lebendmikroskopie, Phasenkontrast. Geschwollener Plexus mit abgeflachtem Epithel und Resten des Gefäßsystems im erweiterten Lumen. Vergr. ca. 135 x

Fig. 3. Choroid plexus, lateral ventricle, 18 day chick embryo, 13 days in culture, swollen plexus with flattened epithelium and remains of stromal and vascular tissue, x 135

aktion so weit reduziert werden, daß auch von diesen Objekten Langzeitkulturen möglich waren.

Neben den beschriebenen Oberflächenreaktionen wurde ein Anschwellen der Organkulturen unter Flüssigkeitsaufnahme durch das Plexusepithel in das Stroma beobachtet (Abb. 3). Dabei flachten sich die ursprünglich prismatischen Epithelzellen stark ab (Abb. 3, 4). Im Semidünnschnitt war zu Beginn der Flüssigkeitsaufnahme eine Erweiterung des Interzellularraums unterhalb der Schlußleistenregion und eine apikale Vesikulation der Zellen zu erkennen (Abb. 5). Nach Punktion der geschwollenen Plexus nahmen die Epithelzellen wieder ihre ursprüngliche Gestalt an. Mit der Flüssigkeitsaufnahme degenerierte das Stroma. In älteren Kulturen wurden nur noch einzelne Zellen angetroffen, die als Makrophagen anzusehen sind. Die in verschiedenen Kulturen beobachteten großen kugeligen Einschlüsse im Epithelsack sollen im Zusammenhang mit anderen Beobachtungen besprochen werden. Bei Verwendung von Phenolrot im Kulturmedium war die aufgenommene Flüssigkeit dunkel-blaurot gefärbt. Innerhalb eines Kulturansatzes manifestierte sich die Schwellung nicht bei allen Plexus gleichzeitig. Unterschiede zeigten sich vor allem an den Plexus der verschiedenen Ventrikel. Zeitliche Reaktions-Differenzen von 14 Tagen wurden an den Plexus der Seitenventrikel beobachtet. Auch an einzelnen Plexus zeigte dieser Prozeß zu verschiedenen Zeiten regionale Unterschiede. Im Vergleich zu den Plexus der Seitenventrikel traten diese Erscheinungen an den Plexus des III. und IV. Ventrikels wesentlich seltener und nur in umschriebenen Bezirken auf (Abb. 4). Unter dem zylindrischen Epithel blieb

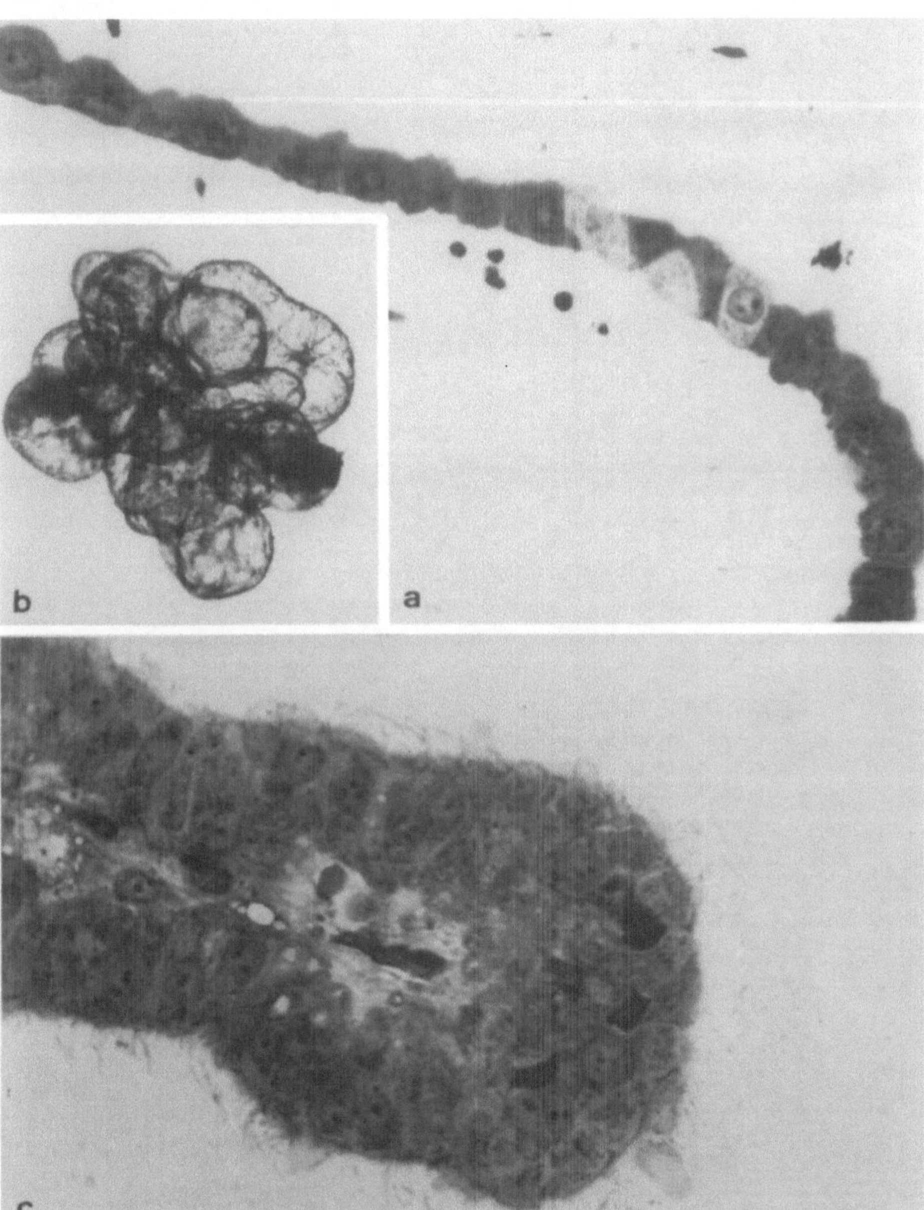

Abb. 4a–c. Plexus chorioideus des Huhns in der Organkultur. (a) 12 Tage kultivierter Plexus aus
dem Seitenventrikel. Die Epithelzellen sind abgeflacht. In dem Zellverband sind einzelne helle
Zellen zu erkennen. Der Zellkern besitzt zwei Nukleoli. Das Stroma (unten links) ist degeneriert.
Semidünnschnitt. Vergr. 540 x. (b) 10 Tage kultivierter Plexus des Seitenventrikels, sackartig an-
geschwollen, mit degeneriertem Stroma. Phasenkontrast, Lebendmikroskopie. (c) 12 Tage kultivierter Plexus des IV. Ventrikels. Beachte das hohe Epithel mit Zilien und einzelne apikale Bläschen, sowie das gut erhaltene Stroma. Semidünnschnitt. Vergr. 540 x

Fig. 4a–c. Choroid plexus, 18 day chick embryo. (a) lateral ventricle. 12 days in culture, flattened
epithelium. Note light cell in which the nucleus exhibits two nucleoli. Stroma (left bottom) has un-
dergone degeneration. Semithin section, x 540. (b) lateral ventricle, swollen plexus with degenerated stroma, phase contrast. (c) IV. ventricle, 12 days in culture, columnal epithelium with cilia,
apical blebs, intact stroma. Semithin section, x 540

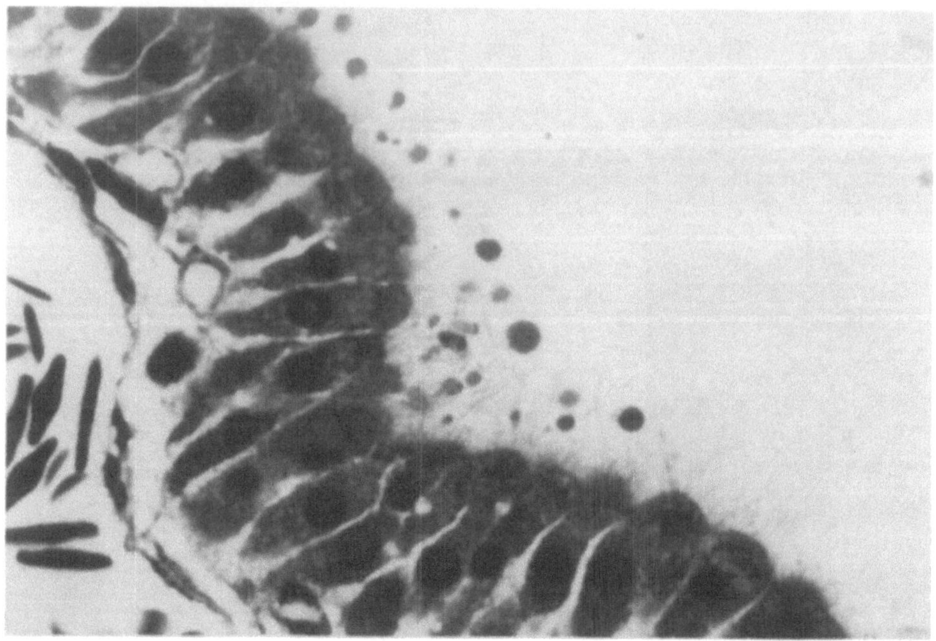

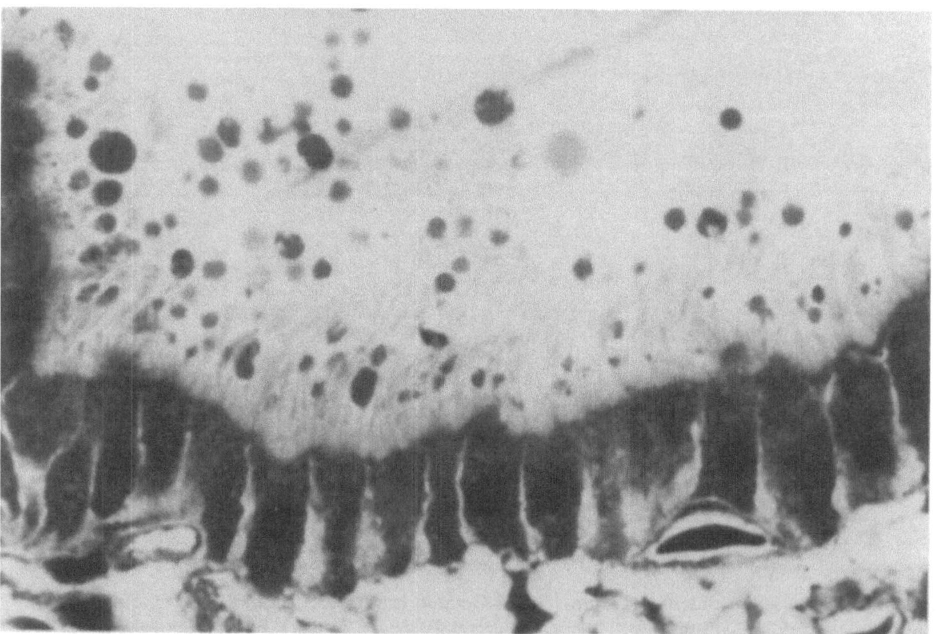

Abb. 5. Plexus chorioideus des Seitenventrikels, Huhn, 5 Std. kultiviert. Glutaraldehyd/Osmiumtetroxyd, Epon. Schnittdicke 1 μm, Färbung nach Rüdeberg. Kuppige Zelloberflächen mit Zilien und abgeschnürten Bläschen sowie erweiterter Interzellularraum unter dem Schlußleistensystem als Primärreaktionen. Vergr. 540 x

Fig. 5. Choroid plexus, lateral ventricle, 18 day chick embryo, 5 h in culture. Semithin section, x 540. Note shape of cell apices with cilia and blebs and especially the widened intercellular space beneath the junctional complex and the apical vesiculation

das Stroma erhalten. In Flaschenkulturen wurden häufig Plexus des III. und IV. Ventrikels beobachtet, die durch ausgewachsene Fibroblasten an der Unterlage angeheftet waren.

In den Kulturkammern kam es häufig infolge des Anpressens der Plexus gegen das Deckglas durch das perforierte Cellophan zu einem Auswachsen der Epithelzellen. Die Zellen lagen in polygonalen Verbänden aneinander und ließen nur vereinzelt kleine interzelluläre Lücken erkennen. Der Zellkern enthielt ein oder zwei Nucleoli. An der freien Oberfläche und an den Rändern des Epithelverbandes traten periodisch kleine Bläschen auf, die im Phasenkontrast dunkel erschienen und nicht abgeschnürt wurden. Sie sind aufgrund ihrer Form und Größe nicht mit den Bläschen identisch, die von der freien Oberfläche der Organkulturen abgegeben wurden (vgl. Abb. 2). Besonders nach dem Medienwechsel traten in den Zellen helle Vakuolen auf. Diese Vakuolen waren von Fall zu Fall unterschiedlich zahlreich und wiesen bei Verwendung von Phenolrot im Medium eine hellgelbe Färbung auf. An den freien Rändern des Zellverbandes und in Lücken zwischen den Epithelzellen wurden häufig Zellumlagerungen beobachtet.

Die Ultrastrukturveränderungen in der Kultur wurden mit dem elektronenmikroskopischen Bild von Plexus verglichen, die nach der Entnahme sofort fixiert wurden. Zwischen den Plexus der einzelnen Ventrikel konnten weder in der Kultur noch in situ charakteristische Ultrastrukturunterschiede festgestellt werden, so daß die Beschreibung der Veränderungen für alle Plexus gültig ist.

Die an der apikalen Oberfläche der Plexusepithelzellen beobachteten Cytoplasmaprotrusionen erwiesen sich im elektronenmikroskopischen Bild als Auftreibungen einzelner Mikrovilli (Abb. 6). Anhand der Schnittpräparate kann man nicht sicher erkennen, ob die mehrfachen Membranquerschnitte auf Faltungen der Oberfläche der aufgetriebenen Mikrovilli beruhen. Die meist konzentrische Anordnung der Membranprofile läßt jedoch einen anderen Entstehungsmodus vermuten. Abgeschnürte Bläschen gehen bei der Fixierung und Einbettung meistens verloren. Gelegentlich werden Bläschen mit einer deutlich mehrschichtigen lamellären Hülle angetroffen. Der Inhalt der Bläschen ist strukturlos und nicht elektronendicht. Eingeschlossene Zellorganellen wurden nicht beobachtet. Als weitere Veränderungen der Zelloberfläche sind Abflachungen der Zellapices und Verminderung des Mikrovillibesatzes zu nennen. Die in situ oft verzweigt erscheinenden Mikrovilli können nach längeren Kulturzeiten vollständig fehlen. Zilien werden auch in alten Kulturen regelmäßig angetroffen. Es kann nicht entschieden werden, ob die unterschiedliche Dichte der Zilien ein charakteristisches cytologisches Merkmal darstellt oder ob sie schnittbedingt auf einer besonderen Anordnung der Zilien beruht. Zilienwurzeln wurden in unserem Material nicht beobachtet. In frisch angelegten Kulturen ließen sich apikal große leere Vesikel darstellen. Im Interzellularraum waren unterhalb der Zonulae occludentes und adhaerentes vereinzelt pinocytotische Bläschen zu erkennen. In diesem Interzellularraum findet man häufig mehrschichtige lamelläre Strukturen, die besonders osmiophil sind.

Die basalen Plasmalemmeinfaltungen erscheinen in den kultivierten Plexus weniger zahlreich und flacher als in situ. Die Basalmembran bleibt auch in der Kultur erhalten. Unterhalb der Basalmembran werden Kollagenfasern, einzelne Fibrocyten und Makrophagen angetroffen; ein organisiertes Stroma mit Gefäßen bleibt jedoch in Langzeitkulturen nicht erhalten (vgl. lichtmikroskopische Befunde). Im Cytoplasma der Plexusepithelzellen treten in der Kultur vermehrt Lysosomen auf, die z.T. erhebliche Größe erreichen; sie enthalten Einschlüsse unterschiedlicher Dichte. Daneben sind meist

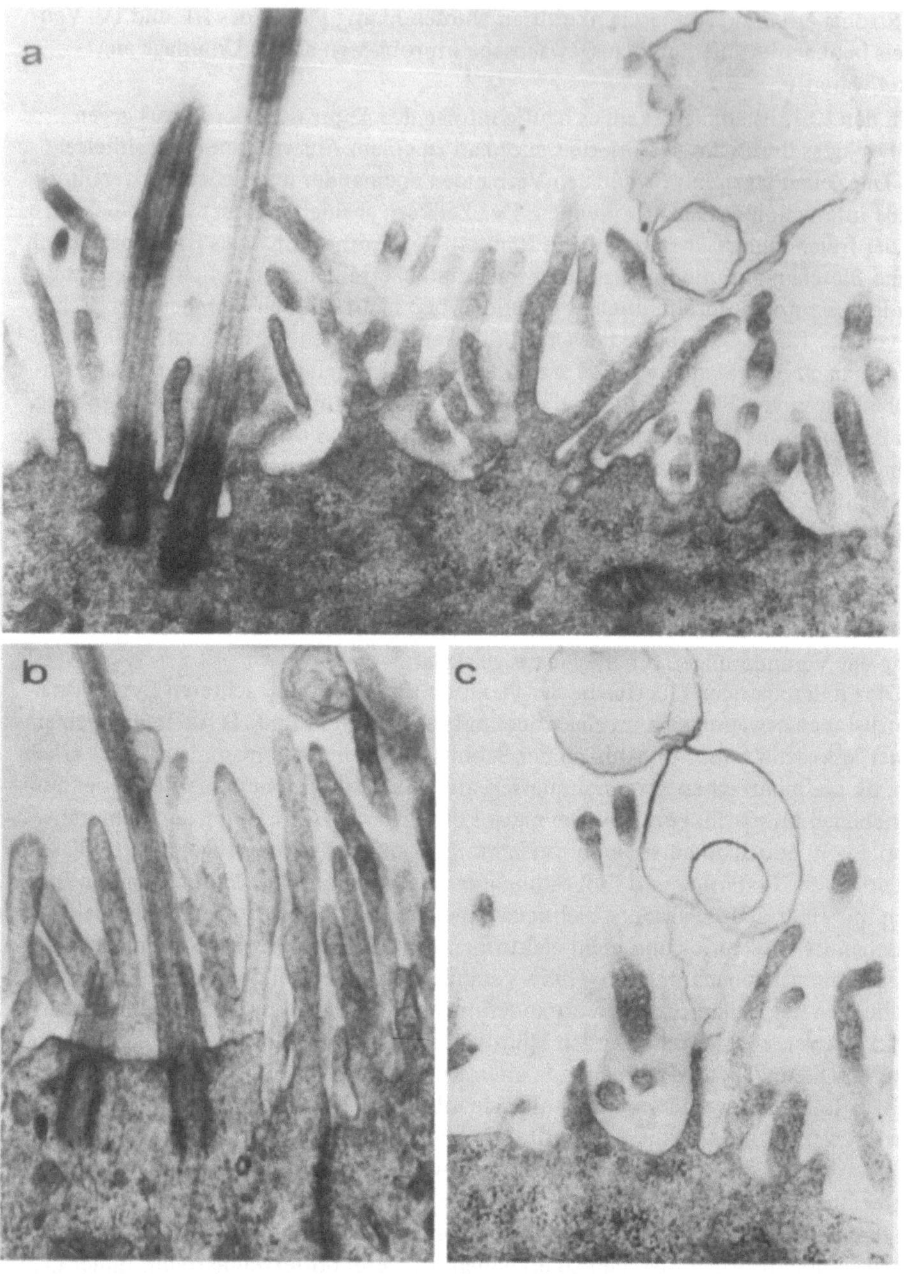

Abb. 6. (a) Plexus chorioideus des Seitenventrikels, Huhn, apikale Zelloberfläche mit abgeschnürten Bläschen in Beziehung zu Mikrovilli. Vergr. 24 000 x. (b) 14 Tage kultiviert. Vergr. 30 000 x.
(c) 120 Tage kultiviert, beachte die zweistufige Ausbildung der Bläschen. Vergr. 24 000 x

Fig. 6a–c. Choroid plexus, lateral ventricle, 18 day chick embryo. Apical cell surface, blebs originating from microvilli. (a) x 24 000, (b) x 30 000, 14 days in culture, (c) x 24 000, 120 days in
culture

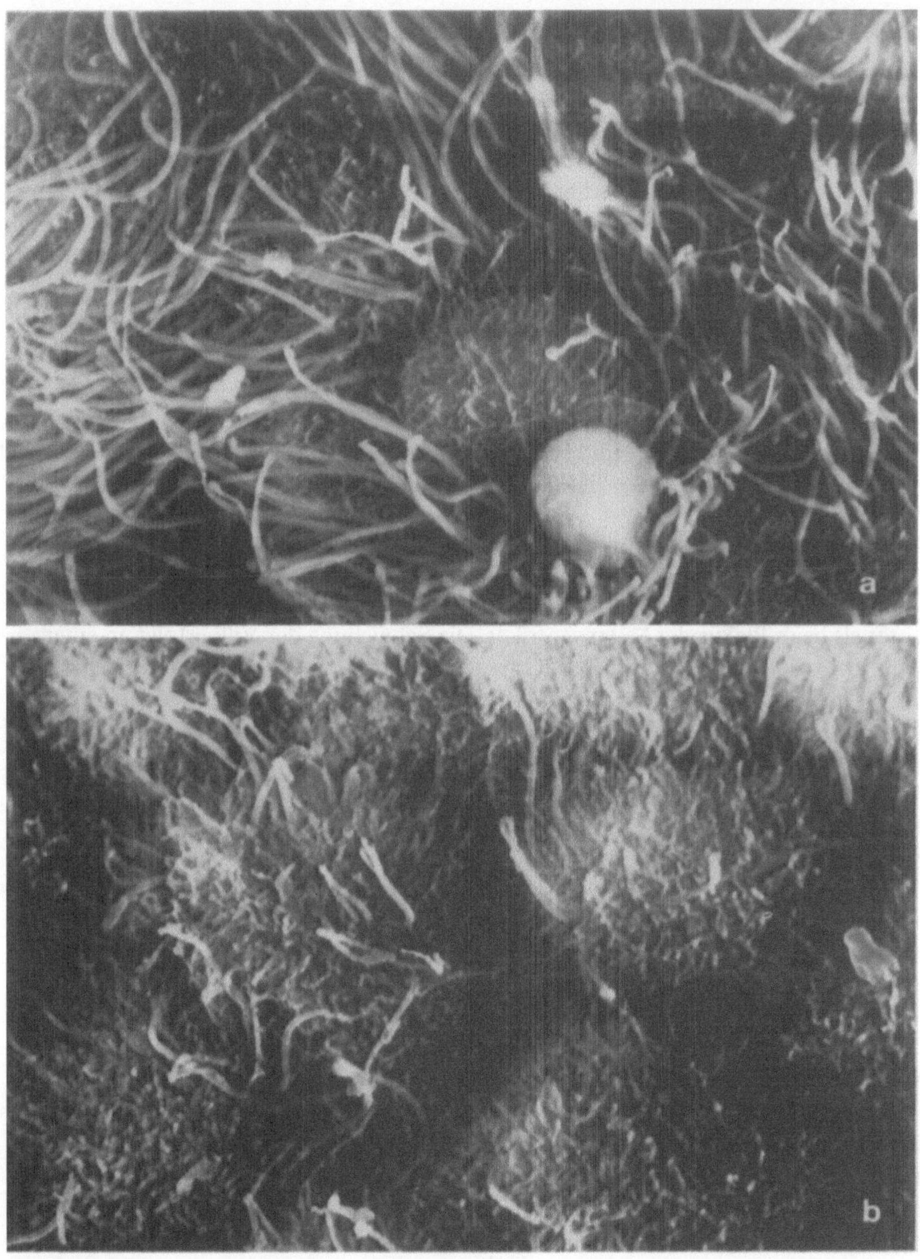

Abb. 7a und b. Plexus chorioideus des Seitenventrikels. Huhn. Oberflächenstruktur nach verschiedener Kulturdauer. Critical-Point-Trocknung, REM. Vergr. 5 000 x. (a) 1 Tag kultiviert. Zelloberfläche mit Mikrovilli und Bläschen. Die Zilien sind ringförmig am Zellrand angeordnet. (b) Zelloberfläche mit Mikrovilli und Reduktion der Zilienzahl nach 23 Tagen in der Kultur

Fig. 7a and b. Choroid plexus, lateral ventricle, 18 day chick embryo. Structure of cell surfaces at different times in culture, critical point drying, SEM. (a) 1 day in culture, x 5 000, cilia occupy the region of cell border surrounding an area with numerous microvilli. (b) 23 days in culture, x 5 000, reduction of cilia and microvilli

kleinere osmiophile Körper vorhanden. Mehrschichtige lamelläre Strukturen sind an
verschiedenen Stellen des Cytoplasmas zu beobachten, oft in enger Nachbarschaft
zu Golgi-Feldern. Mitochondrien werden basal und apikal angetroffen. Das granuläre
endoplasmatische Retikulum ist ein regelmäßiger Strukturbestandteil der Plexusepithelien; es hat Beziehungen zum perinukleären Raum und steht möglicherweise auch
mit dem Interzellularraum in Verbindung. In der Nachbarschaft des Zellkerns werden
gelegentlich dichte Bündel zirkulär verlaufender Filamente angetroffen.

Auf der Oberfläche der Plexus sind auch nach langer Kulturdauer Zellen mit reich-
lichen Lipideinschlüssen und zahlreichen Zellfortsätzen zu beobachten, die als Epiple-
xuszellen angesehen werden.

In verschiedenen Kulturen wurden Viren beobachtet, die allein aufgrund des elektronenmikroskopischen Bildes nicht genauer bestimmt werden konnten.

Die rasterlektronenmikroskopischen Aufnahmen der kultivierten und frisch fixierten Plexus chorioidei ergeben ein detailierteres Bild der Oberflächenveränderungen in der
Kultur. Beim Vergleich der Plexus der verschiedenen Ventrikel wurden keine auffälligen Unterschiede festgestellt, so daß bei der Beschreibung nicht weiter differenziert
werden muß. In situ sind die Villi flächig abgeplattet, und an den Rändern leicht ge-
kerbt. An Bruchstellen erkennt man die Dicke der Epithellagen und die geringe Ausdehnung des Stromas. Bei den Plexus des III. und IV. Ventrikels liegen die Zotten
dichter als beim Plexus der Seitenventrikel. Die Schwellung der Villi erfolgt an einem
Plexus nicht gleichzeitig. Aus diesem Grunde trifft man neben kugelig aufgetriebenen
Zotten flache, leistenartige an. Die Oberfläche der pflasterartig gelagerten Plexusepithelien ist kuppig vorgewölbt und mit Zilien und Mikrovilli besetzt (Abb. 7). Die
Zilien sind ringförmig am Zellrand um die kuppige Erhebung der Zelloberfläche angeordnet (Abb. 7). Ihre Zahl nimmt mit der Kulturdauer deutlich ab (Abb. 7). Mikrovilli kommen in allen Präparaten vor. Veränderungen des Mikrovilli-Rasens sind infolge
der unregelmäßigen Anordnung nicht zu erkennen. Die Größe der apikalen Bläschen —
im Vergleich zu Zilien und Mikrovilli — geht aus den Abb. 6, 7 hervor. Dabei sind an
den einzelnen Villi umschriebene Bezirke betroffen. Sie finden sich in allen Kulturen,
sind jedoch in frisch angelegten Kulturen häufiger und haben eine glattwandig-kugelige
Gestalt. Diese hängt von der Trocknungsmethode ab. Aus Alkohol getrocknetes Material weist Bläschen mit eingesunkenen Oberflächen auf.

Bei fluoreszenzmikroskopischen Untersuchungen wurde in den Hohlräumen kultivierter Plexus ein fein verteiltes körniges oder zu kugeligen Gebilden geballtes Material
mit dunkelgelber Eigenfluoreszenz beobachtet. Diese Bildungen entsprechen den osmiophilen Einschlüssen, die bei der Fixierung des Materials für elektronenmikroskopische Zwecke dargestellt wurden (Abb. 8). Im Semidünnschnitt zeigen sie eine radiäre
strahlige Struktur (Abb. 8). Außerdem fallen die Reaktionen mit Neutralrot nach von
Volkmann und auf Eisen nach Schmorl leicht positiv aus. Mikrospektrographische
Analysen ergeben für verschiedene Proben unterschiedliche Kurven, die nicht interpretiert werden können.

Ähnliche Strukturen unterlagerten das Plexusepithel eines 44jährigen Mannes.
Diese Probe wurde anläßlich einer Tumoroperation bioptisch gewonnen, konnte aber
wegen der Primärschädigungen nicht erfolgreich kultiviert werden.

Unsere Versuche, die Plexus chorioidei einzufrieren und bei tiefer Temperatur für
spätere Kulturexperimente zu lagern, verliefen erfolgreich. Nach dem Auftauen ließ
sich kein von den üblichen Beobachtungen an Kulturen abweichender Befund erheben.
Da für eine Lagerung von Plexusmaterial bei tiefen Temperaturen keine praktische

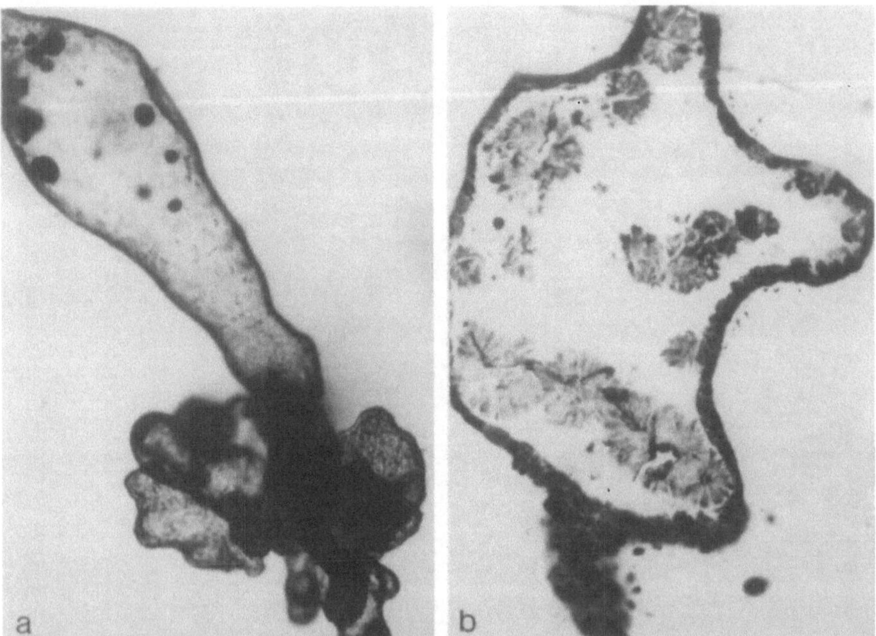

Abb. 8 a und b. Plexus chorioideus des Seitenventrikels in der Kultur. Huhn. Glutaraldehyd/Osmiumtetroxyd. (a) Nach 7 Tagen in der Kultur, Totalpräparat. (b) 133 Tage kultiviert. Semidünnschnitt. Beachte die radiärstrahligen Strukturen im inneren Lumen. Vergr. 150 x

Fig. 8a and b. Choroid plexus, lateral ventricle, 18 day chick embryo. (a) 7 days in culture, glutaraldehyde/osmium tetroxide, total specimen. Note osmophilic structures within the epithelial sac. (b) 133 days in culture, semithin section, x 150. Note the radial structures within the epithelial sac

Notwendigkeit bestand, wurde nicht weiter geprüft, wie lange sich ein solcher Versuch ausdehnen läßt. Von diesem Material konnten Gefrierschnitte gewonnen und erfolgreich kultiviert werden, wenn die Gewebsblöcke beim Aufblocken nicht auftauten. Wegen dieser technischen Schwierigkeiten waren aber die Ergebnisse nicht reproduzierbar. In gelungenen Experimenten wurde der Zilienschlag beobachtet; die Epithelzellen wuchsen auf dem Deckglas aus.

Durch Versilberung nach Pap und mit der Aldehydfuchsin-Färbung ließen sich in den kultivierten Plexusepithelzellen keine Strukturen darstellen, die den beim Menschen als Altersveränderungen vorkommenden Biondi-Körpern (vgl. Oksche et al., 1971) entsprechen würden.

Bei der Präparation des epithalamischen Ventrikeldaches von *Passer domesticus* wurden gelegentlich in einem Komplex das Pinealorgan und der Plexus chorioideus des III. Ventrikels entnommen und gemeinsam kultiviert. Bei fluoreszenzmikroskopischer Untersuchung mit der Falck-Hillarp-Methode zeigte das Plexusepithel regelmäßig eine starke Aminfluoreszenz, die meistens stärker war als in den Pinealocyten (Abb. 34a). Diese Beobachtung führte zu Versuchen mit verschiedenen fluoreszenzmikroskopisch nachweisbaren und mikrospektrographisch identifizierbaren Transmittersubstanzen als Zusätze zum Kulturmedium. Serotonin wird vom Epithel aller

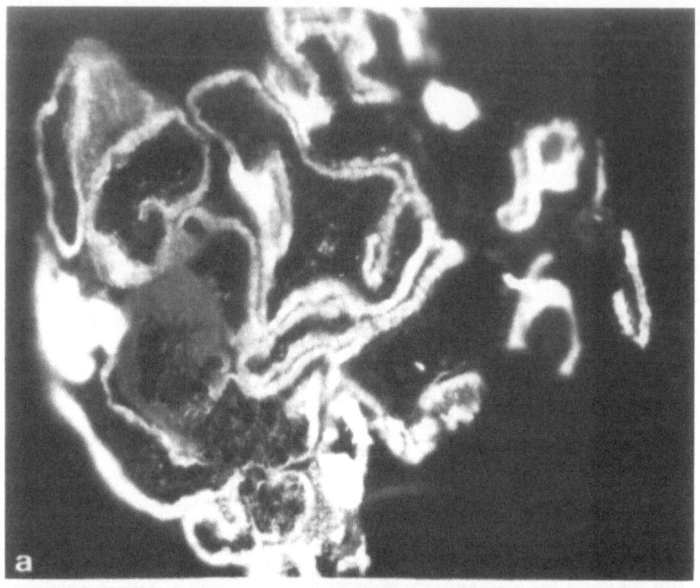

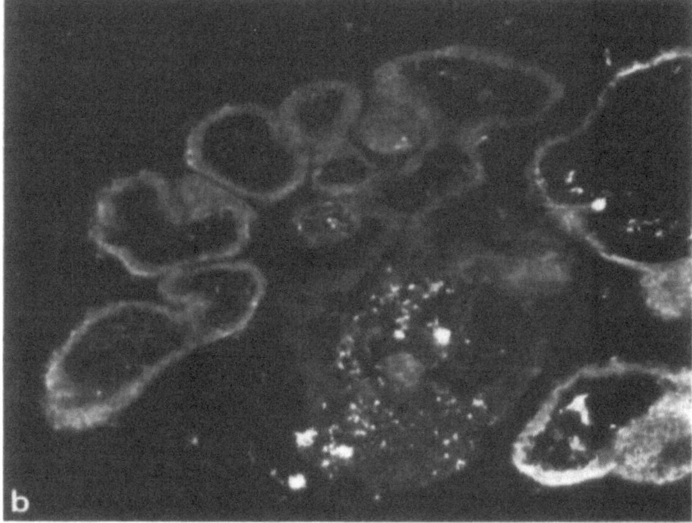

Abb. 9a und b. Passer domesticus. Plexus chorioideus des Seitenventrikels, 35 Tage kultiviert. (a) Zusatz von Serotonin zum Medium für 4 Stunden. (b) Kontrolle ohne Zusatz von Serotonin. Fluoreszenzmikroskopie, Methode nach Falck-Hillarp. Vergr. 100 x

Fig. 9a and b. Choroid plexus, lateral ventricle, house sparrow, 35 days in culture, fluorescence microscopy, Flack-Hillarp technique, x 100. (a) addition of 5-HT to the culture medium for 4 h. bright serotonin fluorescence of the epithelial cells. (b) control

Ventrikelplexus aufgenommen (Abb. 9). Die Intensität der Fluoreszenz ist nicht in allen Villi eines Plexus gleich; in Totalpräparaten ist eine bevorzugte Aufnahme an den Zellrändern zu beobachten. Grundsätzlich ähnliche Ergebnisse wurden mit Zusätzen von Adrenalin, Noradrenalin und Dopamin erzielt. Ein überraschender Befund ergab sich aus der Kombination von Serotonin mit Adrenalin, Noradrenalin oder Dopamin. Hier wurde eine räumlich getrennte Aufnahme von Serotonin (Gelbfluores-

zenz) und Adrenalin, Noradrenalin oder Dopamin (Blaugrünfluoreszenz) verzeichnet
Dieser Befund konnte übereinstimmtend an Plexus mit Inkubation sofort nach der
Entnahme und an verschiedenen alten Kulturen erhoben werden. An einer Probe
wurde dieser unterschiedliche Aufnahmemodus in das Plexusepithel mikrospektrographisch bestätigt.

3.4. Diskussion

Bei der Beurteilung der Ergebnisse an Organkulturen der Plexus chorioidei der Seitenventrikel sowie des III. und IV. Ventrikels ist zu berücksichtigen, daß in vitro infolge
der Ausschaltung des Blutgefäßsystems eine entscheidende Komponente der Plexus,
auf die die polare Organisation des Plexusepithels ausgerichtet ist, fehlt. In Umkehrung
der in situ-Verhältnisse muß die gesamte Versorgung über die apikale Zelloberfläche
erfolgen. Die physiologischen Leistungen der Plexus chorioidei sind somit an solchen
Kulturen nur mit Einschränkungen analysierbar.

Die Verwendung von Medium 199 ohne Komplettierung und in einem deutlichen
Überschuß führte zu einer einfachen und reproduzierbaren Kulturtechnik, mit der
sowohl die Plexus der Seitenventrikel als auch die Plexus des III. und IV. Ventrikels
erfolgreich in Langzeitkulturen erhalten werden konnten. Besonders in solchen Fällen,
wenn mit Zusätzen zum Kulturmedium experimentiert werden soll, sind die Vorteile
dieser Technik gegenüber dem Plasmaclot-Verfahren deutlich.

Von den Experimenten mit Einfrieren und Gefrierschneiden des Plexus chorioideus
waren keine fundamentalen Ergebnisse zur Struktur und Funktion der Plexus zu erwarten. Ihre Bedeutung liegt vielmehr in der Erprobung einer Kulturmethode, mit der
von einem Organ mehrere Proben eines organotypischen Zellverbandes gewonnen werden können. Der Plexus hat sich dabei als ein besonders geeignetes Objekt erwiesen, da
seine Viabilität unmittelbar nach dem Experiment anhand des Zilienschlages kontrolliert werden kann. Für die Disposition unserer weiteren Studien waren diese Test-
versuche aufschlußreich.

In Kulturen, in denen Plexusepithelzellen ausgewandert waren und mehr oder wenigen geschlossene Epithelverbände bildeten, konnten die Befunde von Cameron (1953)
und Lumsden (1958) zum Teil bestätigt werden. Die Entstehung von Zysten mit einer
zilientragenden Oberfläche an der Innenseite konnten wir in unseren Kulturen nicht
beobachten. Möglicherweise ist für die räumliche Ordnung der Plexusepithelzellen die
Gerüstwirkung eines Plasmaclots erforderlich. Trypsinierte Plexuszellen lagern sich
in einem flüssigen Kulturmedium mit der zilientragenden Oberfläche nach außen zusammen (Meller et al., 1969). Da an solchen, auf der Unterlage ausgebreiteten Epithel-
verbänden keine spezifischen Leistungen der Plexus chorioidei zu erkennen sind, wurden Kulturen mit ausgewanderten Epithelzellen nicht weiter analysiert.

In der Kultur finden die wesentlichen Veränderungen an der Oberfläche des Plexusepithels statt. Aus den elektronenmikroskopischen und den rasterelektronenmikroskopischen Aufnahmen geht hervor, daß sich die Zellkuppen abflachen und die Zelloberfläche mit fortschreitender Kulturdauer an Zilien und Mikrovilli verarmt. Dieses
Verhalten ist wohl als eine Reduktion von Strukturen anzusehen, die in einem über-
lebenden Organ nach Fortfall des funktionellen Bezugs bedeutungslos geworden sind.

Die kranzartige, randständige Anordnung von Zilien, wie sie am Plexusepithel des
Huhnes bei Kulturbeginn ermittelt wurde, kann als eine für diese Vogelart charakteri-

stische Gruppierung angesehen werden. Bei der Katze sind vergleichsweise wenige Zilien an der Zelloberfläche zu finden (Clementi und Marini, 1972).

Die auffälligste Primärreaktion in den Plexuskulturen ist das Auftreten von Bläschen an der apikalen Oberfläche der Epithelzellen. Diese haben eindeutig Beziehung zu Mikrovilli, doch bleibt unklar, wie ihre konzentrische lammelläre Hülle zustande kommt. Ob die Verarmung der Zelloberfläche während der Kultur auf der wiederholten Abschnürung solcher Bläschen beruht, erscheint fraglich. Smith et al. (1964) beobachteten solche Bläschen nach starker Beleuchtung der Kulturen und deuteten sie als Artefakte. Diese Beobachtung konnten wir in unseren Kulturen nicht bestätigen, obwohl bei der Lebendmikroskopie für fotografische Aufnahmen die Mikroskoplampe stets mit Überspannung betrieben wurde. Da die Reaktion besonders bei Kulturbeginn und dann wieder beim Medienwechsel auftrat und in alten Kulturen nur noch selten angetroffen wurde, scheint es sich um eine spezifische Antwort auf die Bedingungen des Kulturmediums zu handeln. Die unterschiedliche Stärke dieser Reaktion an den Plexus der Seitenventrikel und den Plexus des III. bzw. des IV. Ventrikels sowie eine Drosselung des Prozesses durch Vermehrung des Kulturmediums weisen in die gleiche Richtung. Zu ähnlichen Schlüssen gelangte Lumsden (1958) aufgrund des regelmäßigen Auftretens der Zeichen einer „apokrinen Sekretion". Van Breemen und Clemente (1955) beobachteten die Bläschen in großer Zahl und hielten sie für sekretorische oder oberflächenvergrößernde Strukturen. Die Lebendmikroskopie und die rasterelektronenmikroskopischen Aufnahmen haben uns jedoch gezeigt, daß diese Reaktion nur in einzelnen umschriebenen Regionen eines Plexus in alternierender zeitlicher Folge auftritt. Aufgrund dieser Beobachtungen ist ihre Einstufung als Artefakt mit großer Wahrscheinlichkeit nicht zutreffend. Eher handelt es sich dabei um eine natürliche Reaktionsweise der Plexusepithelien − und auch anderer Ependymzellen (Clementi und Marini 1972) −, die in situ unter physiologischen Bedingungen nur in einem geringeren Umfang stattfindet.

Eine weitere charakteristische Erscheinung in der Kultur ist das Anschwellen der Plexus unter Flüssigkeitsaufnahme. Das unterschiedliche Verhalten der Seitenventrikel-Plexus und der Plexus des III. und IV. Ventrikels kann darauf zurückgeführt werden, daß beim Plexus der Seitenventrikel nach der Entnahme an den Ruptionsstellen schnell ein Epithelschluß zustande kommt, während an den Plexus des III. und IV. Ventrikels das Stroma stellenweise im Kontakt mit dem Medium verbleibt. Damit steht im Einklang, daß nur an den Plexus des III. und IV. Ventrikels ein Auswachsen von Fibrocyten festgestellt wurde; diese Zellen fixierten das Organ auf der Unterlage. Gleichartige Befunde mit kleineren Plexus-Fragmenten aus allen Ventrikeln und das Auftreten von stellenweise geschwollenen Plexus des III. und IV. Ventrikels zeigen, daß die Epithelien aller Plexus in dieser Beziehung zu gleichen Leistungen befähigt sind. Diese Unterschiede beruhen darauf, daß in der Regel nur am Plexus der Seitenventrikel ein vollständiger Epithelschluß zustande kommt.

Wie die Punktierungsversuche zeigten, erfolgt der Flüssigkeitstransport gegen den Widerstand der Wandspannung. Dieser Widerstand könnte dafür verantwortlich sein, daß die beobachteten Schwellungsreaktionen innerhalb kurzer Zeit zum Abschluß kommen. Das Besondere an diesem Prozeß ist die Tatsache, daß mit dem Flüssigkeits-. einstrom eine Degeneration des Stromas einhergeht. Wenn man diese Situation mit dem Verhalten anderer Organkulturen, z.B. Pinealorgan, vergleicht, kommen mangelhafte Versorgung und Hypoxie als Ursachen für die Degeneration des nur von einem einschichtigen Epithel bedeckten Stromas kaum in Frage. Es deutet alles darauf hin,

daß von der im Organ akkumulierten Flüssigkeit ein cytotoxischer Effekt ausgeht.
Dieses Ergebnis steht im Einklang mit den erfolglosen Kulturversuchen, bei denen
Liquor cerebrospinalis als Medium verwendet wurde. Auf toxische Wirkungen des
Liquor hat bereits Speransky (1950) hingewiesen. Diese Deutung zweier verschiedener Versuche schließt die Möglichkeit einer Umkehr der Transportrichtung der Plexusepithelzellen in der Kultur ein, die auf einer geänderten Versorgungslage an der
apikalen Oberfläche beruhen könnnte, was jedoch ohne Kenntnis der chemischen
Zusammensetzung der Flüssigkeit innerhalb des sackartig erweiterten Plexus nicht
weiter untermautert werden kann.

Die im Lumen der Plexuskulturen gelegentlich auftretenden osmiophilen Körper,
die auch mit Neutralrot und mit der Schmorlschen Eisenreaktion darstellbar sind,
erweisen sich mikrospektrographisch als nicht einheitlich. Ihre Autofluoreszenz deutet
zusammen mit dem Ergebnis der vorgenannten Färbungen auf Lipofuszineinschlüsse
hin. Diese Bildungen könnten als ein Teilphänomen der Degeneration des Stromas angesehen werden, jedoch wurden sie nicht in allen Proben beobachtet. Man beobachtet
sie gleichzeitig mit den ersten Degenerationserscheinungen des Stromas. Die mikrospektrofluorimetrisch erkennbare Uneinheitlichkeit könnte darauf beruhen, daß die
(isolierbare) farbgebende Substanz, die auch bei jungen Individuen vorkommt, an verschiedene Strukturen (Zelldetritus) gebunden ist (vgl. Quadbeck, 1974; Goldfischer
und Bernstein, 1969).

In der Ultrastruktur der Plexusepithelzellen verdienen einige Veränderungen, die
während der Kultur auftraten, Beachtung. Die Vermehrung besonders großer Lysosomen, wie sie auch in anderen Kulturen beschrieben wurde (vgl. Brunk et al., 1973;
Brunk, 1973), kann als Zeichen einer Alterung der Kultur angesehen werden und zum
Abbau von Zellorganellen in Beziehung gesetzt werden. Die außerdem im Cytoplasma
vorkommenden stark osmiophilen Lamellenstrukturen dürften aus zugrunde gegangenen Membransystemen (z.B. Golgi-Apparat) stammen, wie aus der Nachbarschaft
solcher Gebilde zum Golgi-Apparat geschlossen werden kann. Ob diese „Myelin-
Körper" durch Exocytose in den Interzellularraum gelangen, wo sie häufig angetroffen werden, ist aus den Schnittbildern nicht abzuleiten. In dem degenerierten
Stroma haben wir solche Bildungen nie angetroffen. Eine Degeneration von Mitochondrien bei Kulturbeginn und eine Rückbildung des endoplasmatischen Retikulum, wie von Meller und Wagner (1968) geschildert wurde, ist uns nicht aufgefal-
len. Die von Meller und Wagner (1968) sowie von Meller et al. (1969) beschriebenen fibrillären Strukturen im Cytoplasma kultivierter Plexuszellen waren in unserem
Material auch nach wesentlich längerer Kulturdauer viel seltener zu beobachten. Dieser Unterschied könnte auf der Verwendung verschiedener Kulturmedien beruhen.
Ob diese Strukturen den fibrillären Anteilen der nur beim Menschen vorkommenden
Biondi-Körpern (Bargmann, 1955; Bargmann und Katritsis, 1966; Oksche und Vaupel
von Harnack, 1969; Oksche und Kirschstein, 1971), für deren Entstehung auch Im-
munreaktionen diskutiert werden (vgl. Oksche und Kirschstein, 1971) oder den von
Oksche und Vaupel van Harnack (1969) elektiv mit Paraldehydfuchsin dargestellten
Filamentstrukturen bei der Wachtel entsprechen, kann nicht entschieden werden, da
im eigenen Material sowohl die Versilberung nach Pap als auch die Aldehydfuchsin-
färbung negativ ausfielen.

Die Experimente über die Aufnahme von Serotonin, Adrenalin, Noradrenalin und
Dopamin in die Plexusepithelzellen bestätigen zunächst die Befunde von Tochino und
Schanker (1965). Die Beobachtungen von Paul (1972), daß im Plexusepithel des Fro-

sches nach Injektion von Adrenalin und Noradrenalin in den dorsalen Lymphsack ein
Fluorophor auftritt, lassen zwar keine Aussage über den Weg der Aufnahme zu, weisen aber auf eine physiologische Rolle dieser Substanzen im Plexusepithel hin. Suzuki
und Ito (1974) konnten bei adulten Mäusen durch Gaben von Reserpin eine Glykogenakkumulation im Plexusepithel mit graduellen Unterschieden zwischen den Plexus
der Seitenventrikel und des IV. Ventrikels einerseits und dem Plexus des III. Ventrikels
andererseits herbeiführen, wodurch zumindest eine Wirkung biogener Amine dokumentiert wird (vgl. Paul, 1972). Die eigenen Ergebnisse lassen die Deutung zu, daß die
Aufnahme der biogenen Amine in das Plexusepithel von der Liquorseite her erfolgt.
Überraschend war der Befund, daß bei gleichzeitigen Gaben von Serotonin und Adrenalin bzw. Noradrenalin oder Dopamin, in *einem* Plexus verschiedene Aufnahmeorte
dieser biogenen Amine existieren. Ein unterschiedliches Verhalten der einzelnen
Plexus wurde dabei nicht beobachtet. Daß die in Versuchen mit jeweils nur einem
dieser Amine beobachteten Intensitätsunterschiede der Fluoreszenz (vgl. Paul, 1972)
Ausdruck einer Zellspezialisation zur lokalen Aufnahme von Stoffen sind, wie es auch
die mikrospektrographisch kontrollierten Versuche mit jeweils zwei Aminen gezeigt
haben, ist wahrscheinlich. Aus diesen Ergebnissen wird auf eine Beeinflussung des
Stoffwechsels der Plexusepithelien von der Liquorseite her geschlossen. Eine andere
Deutung, daß biogene Amine dem Liquor durch die Plexus chorioidei entzogen werden
können und dadurch ihre Wirkung auf andere Wandgebiete des Ventrikelsystems abgeschwächt oder zeitlich begrenzt wird, steht ebenfalls zur Diskussion.

Diese Deutung führt zur Erörterung von Problemen der gegenseitigen Beeinflussung
circumventrikulärer Organe und ihrer Beziehung zum Liquor cerebrospinalis. Nach den
Erfahrungen mit der Kultur des Plexus chorioideus können Modellversuche mit verschiedenen circumventrikulären Strukturen in einer kombinierten Kultur zur Klärung
dieser komplexen Fragen unternommen werden.

3.5. Zusammenfassung

Plexus chorioidei der Seitenventrikel sowie des III. und IV. Ventrikels 18 Tage alter
Hühnerembryonen wurden als Organe in Medium 199 ohne Komplettierung durch
Seren etc., ohne Antibiotica und Fungistatica bis zu 133 Tagen erfolgreich kultiviert.
Im Vergleich zu den Plexus der Seitenventrikel benötigen die Plexus des III. und IV.
Ventrikels für einen erfolgreichen Kulturverlauf eine größere Medienmenge.

Als Primärreaktion in der Kultur wurde an allen Plexus die Abschnürung von
Bläschen an der apikalen Zelloberfläche beobachtet. Diese Bläschen besitzen z.T.
eine mehrschichtige Hülle; sie gehen aus Auftreibungen von Mikrovilli hervor. Ihr
Inhalt ist homogen und nicht elektronendicht. An den Plexus des III. und IV. Ventrikels ist diese Reaktion wesentlich stärker als am Plexus der Seitenventrikel. Durch
Vermehrung des Kulturmediums konnte sie abgeschwächt werden.

In der Kultur kommt es unter Flüssigkeitsaufnahme über das Plexusepithel zum
Anschwellen des Plexus. Dabei flachen sich die prismatischen Plexusepithelien ab.
Während des Flüssigkeitstransports sind apikale Vesikulationen und eine Erweiterung
des Interzellularraums unterhalb des Schlußleistensystems zu beobachten. Das bindegewebige Stroma degeneriert, so daß in der Folge ein flüssigkeitsgefüllter Epithelsack entsteht. Während dieser Vorgang am Plexus des Seitenventrikels regelmäßig
auftritt, unterbleibt an den Plexus des III. und IV. Ventrikels oft der Epithelschluß

an den Wundrändern, was wiederum ein Ausbleiben der Schwellung des Organs zur Folge hat.

Die Plexusepithelzellen besitzen auch nach langer Kulturdauer ihre typischen Ultrastrukturmerkmale. Es kommt lediglich zu einer Vermehrung der Lysosomenzahl. Außerdem fielen intrazellulär und extrazellulär osmiophile Lamellenkomplexe auf. Strukuren, die den bislang nur beim Menschen als Altersveränderungen beobachteten Biondi-Körpern entsprechen, sind auch in Langzeitkulturen nicht zu beobachten.

Im Rasterelektronenmikroskop wurde eine ringförmige Anordnung der Zilien am Rande der Epithelzellen festgestellt. Die apikale Zelloberfläche ist bei Kulturbeginn kuppenartig vorgewölbt und dicht mit Mikrovilli besetzt. Mit fortschreitender Kulturzeit nehmen sowohl Zilien als auch Mikrovilli zahlenmäßig ab.

Versuche, die Plexuskulturen durch Einfrieren zu konservieren, verliefen erfolgreich. Gefrierschnitte konnten — allerdings nicht immer reproduzierbar — kultiviert werden. Die Viabilität des Materials wurde am Zilienschlag kontrolliert.

Plexus aller Ventrikel nehmen aus dem Kulturmedium Serotonin, Adrenalin, Noradrenalin und Dopamin auf. Fluoreszenzmikroskopisch wurden nach gleichzeitigem Zusatz von Serotonin und Noradrenalin zum Kulturmedium getrennte Aufnahmeorte gefunden. Vergleichbare Ergebnisse wurden bei Zusatz von Serotonin/Dopamin sowie von Serotonin/Adrenalin erzielt. In einem Experiment mit Serotonin und Noradrenalin konnte dieser Befund auch mikrospektrofluorimetrisch bestätigt werden.

4. Der Glykogenkörper des Rückenmarkes

4.1. Fragestellung

Die Vögel besitzen zwischen den Hintersträngen der Intumescentia lumbalis des Rückenmarks eine organartig abgegrenzte Ansammlung äußerst glykogenreicher Zellen, die den Zentralkanal umschließen und dorsal bis an die Meningen heranreichen (Abb. 10, 11). Bei der Präparation kann diese Zellformation mit den Meningen entfernt werden, wobei als Artefakt der Sinus rhomboidalis entsteht. Diese von früheren Autoren mit verschiedenen Namen belegte Struktur (Emmert, 1811; Nicolai, 1812; Leydig, 1854; Duval, 1877; von Köllicker, 1902; Imhof, 1905) wird heute allgemein mit Terni

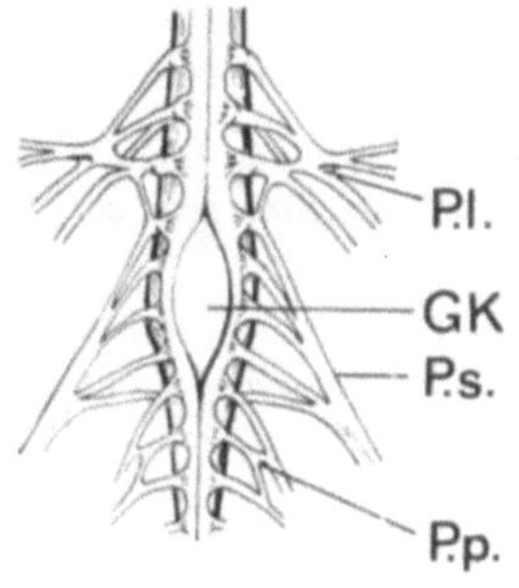

Abb. 10. Form und Lage des Glykogenkörpers im Rückenmark. *GK* Glykogenkörper, *P.l.* Plexus lumbalis, *P.p.* Plexus pudendus, *P.s.* Plexus sacralis

Fig. 10. Form and position of glycogen body in the spinal cord. *GK* glycogen body, *P.l.* lumbal plexus, *P.p.* pudendal plexus, *P.s.* sacral plexus

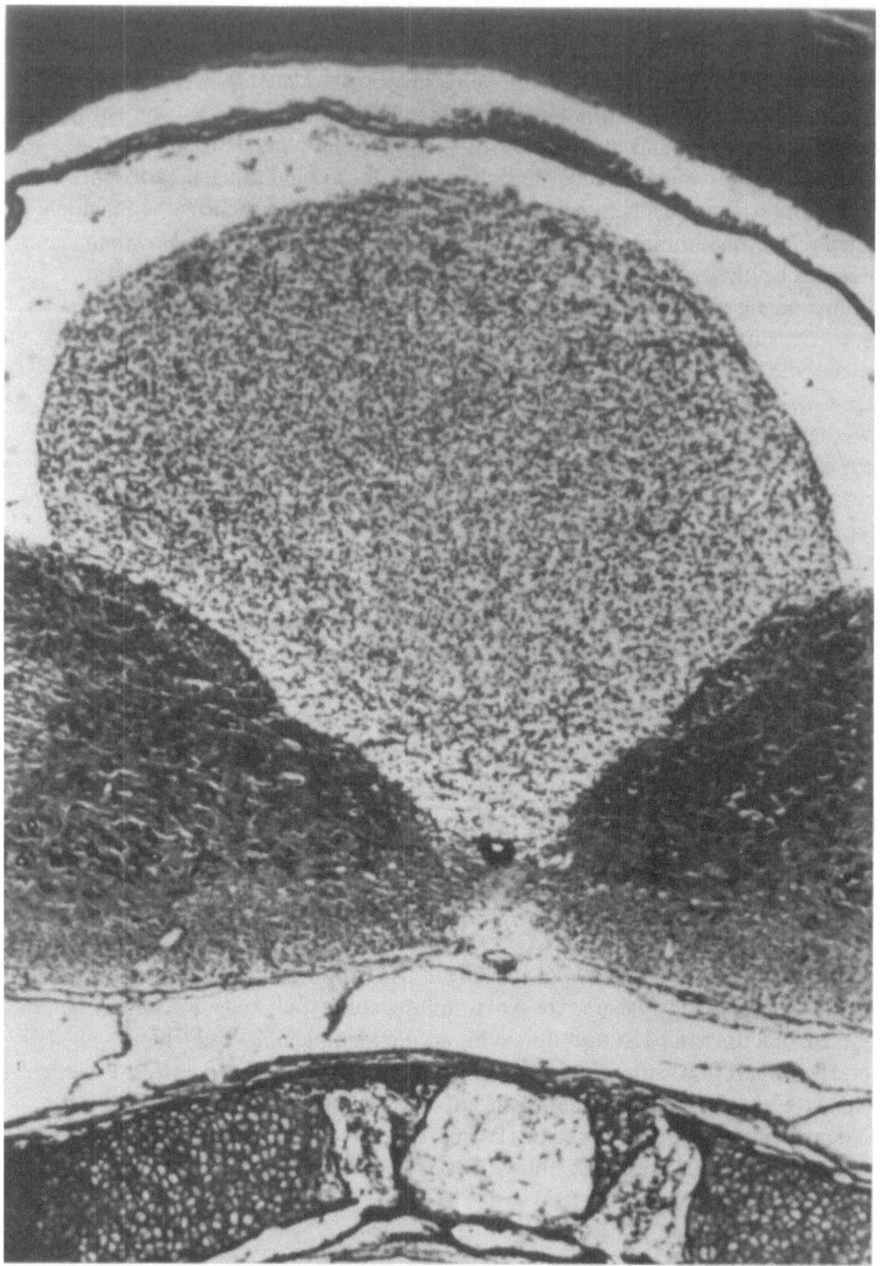

Abb. 11. Glykogenkörper in situ, 18 Tage alter Hühnerembryo. Fix. Bouin, Entkalkung EDTA, Paraffinschnitt (10 μm dick), Klüver-Barrera. Beachte die Ausdehnung des Glykogenkörpers, der den Zentralkanal dorsal und lateral umgibt. Vergr. 50 x

Fig. 11. Glycogen body, 18 day chick embryo, Bouin, decalcification with EDTA, 10 μm thickness, Klüver-Barrera, x 50. Note the localization of the glycogen body between the dorsal strands and its relation to the central channel

(1924) als Glykogenkörper bezeichnet. Da bei anderen Wirbeltierklassen eine dem
Glykogenkörper entsprechende Struktur nicht gefunden wurde, muß er als eine Son-
derbildung der Vögel angesehen werden. Eine von Romeu (1962) bei zwei Teleostiern
unter gleichem Namen beschriebenen Struktur bedarf noch einer kritischen Prüfung
bei einer größeren Zahl von Arten.

Bei den neueren Untersuchungen des Glykogenkörpers standen Fragen der Entwicklung und der cytologischen Struktur sowie der Funktion im Vordergrund. Die
Entwicklung des unpaaren Glykogenkörpers erfolgt beim Huhn vom siebenten Bebrütungstag an aus paarigen Anlagen in der lateralen Zone der Deckplatte in Höhe der
Rückenmarkssegmente 26–29. Sie geht mit einer starken Proliferation und Zellver-
größerung unter Glykogeneinlagerung bis zur völligen Umwallung des Zentralkanals
einher (Watterson, 1949, 1951, 1954; Watterson und Spiroff, 1949; Matulionis, 1972).
Die Struktur der glykogenreichen Zellen wurde beim Huhn von Revel und Napolitano
(1960), Revel et al. (1960), Revel (1964) und Paul (1972, 1973), bei der Taube von
Welsch und Wächtler (1969) beschrieben. Speziesunterschiede sind aus diesen Beschrei-
bungen nicht zu erkennen.

Von der fettfreien Trockensubstanz des Glykogenkörpers entfallen 60–80 % auf
Glykogen (Doyle und Watterson, 1949), das vorwiegend in Form von β-Granula im
Zentrum der polygonalen Zellen gelagert ist. Dieser Teil des Cytoplasmas ist frei von
Zellorganellen. Die Zellorganellen (gut ausgebildeter Golgi-Apparat, Zentriolen, Mit-
ochondrien, nur wenige Formationen des granulären und agranulären endoplasmati-
schen Retikulum, Ribosomen) befinden sich in dem dünnen Cytoplasmasaum, der die
Glykogeneinlagerungen umfaßt, sowie in der Nachbarschaft des Zellkerns, der ähnlich
wie in den Fettzellen an die Peripherie gedrängt ist. Die Konzentration des Glykogens
in einem von Zellorganellen freien zentralen Cytoplasmabezirk vollzieht sich beim
Huhn erst nach dem elften Bebrütungstag (Matulionis, 1972).

Aufgrund der cytoplasmatischen Filamentstrukturen deuten Welsch und Wächtler
(1969) die Glykogenkörperzellen als modifizierte Gliazellen. Diese Ansicht haben auch
Watterson (1949, 1954) sowie Watterson und Spiroff (1949) auf der Basis von embryologischen Untersuchungen vertreten. Sie wird durch die in vitro-Experimente von
Kawiak (1956) und de Genaro (1959) weiter gestützt, so daß Ansichten, nach denen
der Glykogenkörper aus meningealem Gewebe stammen soll (Hansen-Pruss, 1923;
Kappers, 1924) nicht mehr zur Diskussion stehen.

Die bisherigen in vitro-Versuche am Glykogenkörper wurden unter den Gesichts-
punkten der Differenzierung, Determination und Induktion während der Embryoge-
nese durchgeführt. De Genaro (1959) zeigte 1), daß sich in Kulturen des Lumbalmarks 6 und 8 Tage alter Hühnerembryonen glykogenhaltige Zellen differenzieren
und 2), daß Glykogenkörperzellen 12–14 Tage alter Embryonen in der Gewebekultur
teilungsfähig sind. Kawiak (1956) stellte in planmäßigen Kulturversuchen mit Zellen
des Glykogenkörpers fest, daß das Wachstum in den Kulturen vom Alter der Spender
abhängig ist. Das intensivste Wachstum wurde in Kulturen mit Zellen 11–13 Tage alter
Embryonen ermittelt, während in Kulturen mit Zellen 17–18 Tage alter Embryonen
kein Wachstum mehr beobachtet wurde. Nach diesen Untersuchungen kann die Differenzierung des Glykogenkörpers beim Huhn nach dem 17.–18. Bebrütungstag als abgeschlossen gelten.

---

[6] Teile dieser Ergebnisse wurden auf den Versammlungen der Anatomischen Gesellschaft in Zagreb
(1971) und Düsseldorf (1975) vorgetragen (Möller, im Druck)

Nachdem Welsch und Wächtler (1969) granulahaltige Nervenfasern und Synapsen
an der Oberfläche der Glykogenkörperzellen beschrieben hatten, wurde von Paul
(1971) die Innvervation des Glykogenkörpers bei 11 verschiedenen Vogel-Spezies
fluoreszenzmikroskopisch untersucht. Dadurch rückte eine mögliche Steuerung der
Mobilisation dieses lokalen Glykogendepots über aminerge Fasersysteme in den Mit-
telpunkt der Diskussion.

Die funktionelle Bedeutung des Glykogenkörpers als lokales Glykogendepot im
Lumbalmark der Vögel ist bislang trotz vielseitiger Experimente nicht geklärt worden,
da weder ein Einbau von Hexosen nach Abschluß des Größenwachstums, noch eine
Mobilisierung des gespeicherten Glykogens im physiologischen und pharmakologischen
Experiment mit deutlichem Effekt gezeigt werden konnten (Buschazzio et al., 1964;
De Genaro, 1962; Hazelwood et al., 1959, 1963, 1970; Houska et al., 1969; Paul,
1972, 1973; Snedecor et al., 1959, 1961, 1963; Szepsenwol und Michalski, 1959;
Szepsenwol, 1953).

In all diesen Arbeiten bleiben Fragen offen, die den Grad der Spezialisation der
Glykogenkörperzellen betreffen. Zur Klärung dieser Fragen haben wir in der Gewebekultur mit ausdifferenzierten Glykogenkörperzellen experimentiert, um über
einen möglichen Prozeß der Dedifferenzierung Kenntnis von dem primären Charakter dieser Zellen zu erhalten.

4.2. Material und Methoden

Glykogenkörper 18 Tage alter Hühnerembryonen, die nach den Untersuchungen von Kawiak
(1956) ausdifferenziert sind, wurden unter sterilen Bedingungen in zwei Arbeitsgängen gewonnen.
Von der Dorsalseite her wurde das Synsacrum mit einer spitzen Schere herausgetrennt und der Wir-
belkanal nach Entfernen der Nieren von cranial her auf der Ventralseite eröffnet. So wurden pro
Kulturansatz 15 bzw. 30 Präparate gewonnen und bis zum nächsten Arbeitsgang in einer Petrischa-
le gesammelt. In einem zweiten Arbeitsgang wurde unter einer Standlupe (Vergrößerung 4 x) nach
Durchtrennung der Nn. spinales das Rückenmark entnommen. Der Glykogenkörper wurde dann
mit der Pinzette vorsichtig aus dem Sinus rhomboidalis nach cranial oder caudal gezogen und bis
zur Desintegration des Zellverbandes in Medium 199 (in den ersten Kulturserien mit Zusatz von
Phenolrot) überführt.

Die Kontrolle der Präparation erfolgte anfangs regelmäßig durch histologische Untersuchung der
Restpräparate des Rückenmarks; sie wurde im weiteren Verlauf der Studie stichprobenartig wieder-
holt.

Vor der Weiterbehandlung wurde das Medium zweimal gewechselt, um von der Präparation an-
haftende Erythrocyten zu entfernen. Nach verschiedenen Vorversuchen erwies sich die mechani-
sche Desintegration des sehr lockeren Zellverbandes durch mehrmaliges Aspirieren in eine Pasteurpipette als einfachste und sicherste Methode. Nach kurzem Stehen in einem Zentrifugenglas setzten
sich die größeren, nicht desintegrierten Gewebsstücke, die besonders um Gefäße erhalten blieben,
ab. In der Oberschicht erhielt man eine Zellsuspension, die neben Zelldetritus hauptsächlich einzelne Zellen enthielt. Die Desintegration erfolgte für verschiedene Kulturserien entweder in Medium
199 oder in einem Extrakt aus Hühnerembryonen, der später durch eine Thrombinlösung (Test-
Thrombin Behring in Medium 199, 4 NIH-Einheiten/ml, sterilfiltriert) ersetzt wurde. Mit diesen
Zellsuspensionen wurden verschiedene Kulturansätze durchgeführt.

1. Aus Zellsuspensionen in Medium 199 (30 Glykogenkörper, 2 ml M 199) wurden tropfenweise
mehrere kleine Kolonien in Plastik-Petrischalen (Falcon) als Kulturen mit hoher Zelldichte angesetzt. Je 6 Petrischalen wurden gestapelt und in einem Umgefäß mit begrenzter Luftmenge inku-
biert. Am folgenden Tag wurde reichlich Medium 199 zugesetzt.

2. Zellsuspensionen in Embryoextrakt wurden mit Plasma (TC-Chickenplasma desiccated, Difco)
angesetzt und nach Koagulation mit Medium 199 versorgt. Unterschiedliche Zelldichten wurden

empirisch durch Verdünnen der Zellsuspension nach dem Grad der Trübung erzielt. Suspensionen in Thrombinlösung wurden in der gleichen Weise anstatt mit Plasma mit einer Fibrinogenlösung (Humanfibrinogen Behring, ca. 1,5 mg/ml Medium 199) angesetzt. Die Kulturen wurden entweder in Plastik-Petrischalen im Umgefäß bzw. auf Deckgläsern 10 x 20 mm in Leighton tubes oder auch für die Lebendmikroskopie in einer Kulturkammer (Eigenkonstruktion) angelegt.

Medium 199 ohne Phenolrot (Morgan et al., 1950) (Difco) wurde ohne weitere Komplettierung durch Serum usw. und ohne Antibiotica und Fungistatica benutzt. Das Medium wurde einmal — in den Kulturkammern zweimal — wöchentlich erneuert. Bei Versuchen mit Zusätzen zum Medium wurde die Menge vermehrt, so daß die Versuchsdauer ohne Mediumwechsel auf 14 Tage ausgedehnt werden konnte.

In einer Versuchsserie wurde dem Medium ^{3}H(Methyl)-Thymidin (10 μC/ml, spez. Aktivität 17 C/mMol) zugesetzt. Ein anderes Kulturexperiment wurde mit Zusatz von di-Butyryl-cyclo-Adenosinmonophosphat (dBcAMP) (10^{-3}M) durchgeführt.

Für Vergleiche wurden Kulturen mit Glykogenkörperzellen adulter Hühner, adulter Haussperlinge und frischgeschlüpfter Tauben angesetzt.

Für elektronenmikroskopische Nachuntersuchungen wurden Kulturen in Plastik-Petrischalen in situ mit 2 % Glutaraldehyd in 0,2 M Cacodylat-Puffer (pH 7,4) mit 6,9 % Saccharose fixiert (Hündgen, 1969) und anschließend in Saccharose-Puffer dreimal und über Nacht gespült. Auf die Nachfixierung mit 1 %igem Osmiumtetroxyd, angesetzt mit 0,1 M Cacodylat-Puffer, Spülen in Saccharose-Puffer und Dehydrieren in aufsteigender Alkoholreihe folgte über Alkohol-Epon-Gemisch (Robbins und Jentzsch, 1967; Möller und Cirelli, 1970) oder nach Ablösen der Kultur (mit hoher Zelldichte) über Epoxypropan die Einbettung in Epon. Die Eponmischung enthielt Epon 812, MNA und DDSA im Verhältnis 45 : 35 : 25 mit 2 % und 3 % Härter entsprechend einem Verhältnis A : B von ungefähr 4 : 6 (Luft, 1961).

Dünnschnitte (Ultramikrotom Reichert OMU2) wurden mit Uranylacetat-Bleicitrat (Reynolds, 1963) kontrastiert und bei einer Strahlspannung von 80 kV in einem Elektronenmikroskop Siemens 101 untersucht.

Semidünnschnitte wurden mit Thionin-Methylenblau (Rüdeberg, 1967) und PAS (McManus, 1946) ohne Entfernung des Epon, allerdings nach Verlängerung der Zeiten gefärbt. Zur Kontrolle diente eine verlängerte Diastasebehandlung.

Deckglaskulturen wurden in erster Linie mit 2 % Glutaraldehyd fixiert. Einige Kulturen wurden mit 4 %igem Formol, nach Bouin sowie nach Rossmann (1940) behandelt. Als Färbungen wurden die PAS- und Bleitetraacetat/Schiff-Verfahren (Shimuzu und Kumamoto, 1952) mit Diastasekontrolle, zum Teil in Kombination 1. mit der Versilberung nach Bodian/Ziesmer (Ziesmer, 1952) oder 2. mit Sudanschwarz bzw. Sudangrün in Propylenglykoll (Chiffelle und Putt, 1951) verwendet. Die Feulgen-Methode haben wir nach Hydrolyse mit 5N HCL 1 Stunde bei Raumtemperatur (Deitch, et al., 1967) durchgeführt.

Zur Kontrolle wurde das Rückenmark nach Entfernung des Glykogenkörpers sowie der Glykogenkörper verschieden alter Embryonen in situ mit 4 %igem Formol oder nach Bouin fixiert und (zum Teil nach Entkalkung mit EDTA) über Alkohol, Methylbenzoat, Zedernholzöl, Paraffinum liquidum in Paraffin 60° eingebettet (Möller, 1975) und 10 μm dick geschnitten. Die Präparate wurden mit Haemalaun-Eosin, PAS-Bodian/Ziesmer, Bleitetraacetat/Schiff-Kresylviolett und Klürer-Barrera gefärbt.

Der Photometrie von Feulgen-Präparaten diente das Mikrospektralphotometer Beckmann MS 1206 (München) bei 550 nm.

Für lebendmikroskopische Studien wurde ein Photomikroskop Leitz Ortholux-Orthomat mit Phasenkontrastoptik und Kondensor mit 11 mm Schnittweite in einem Mikroskopthermostaten (Eigenkonstruktion) verwendet.

4.3. Befunde

Die Kontrolle der Präparation des Glykogenkörpers durch histologische Nachuntersuchung des Lumbalmarks ergab, daß der Glykogenkörper unter Verletzung seiner basalen Teile entnommen wurde und Reste des Zellmaterials noch um den Zentralkanal

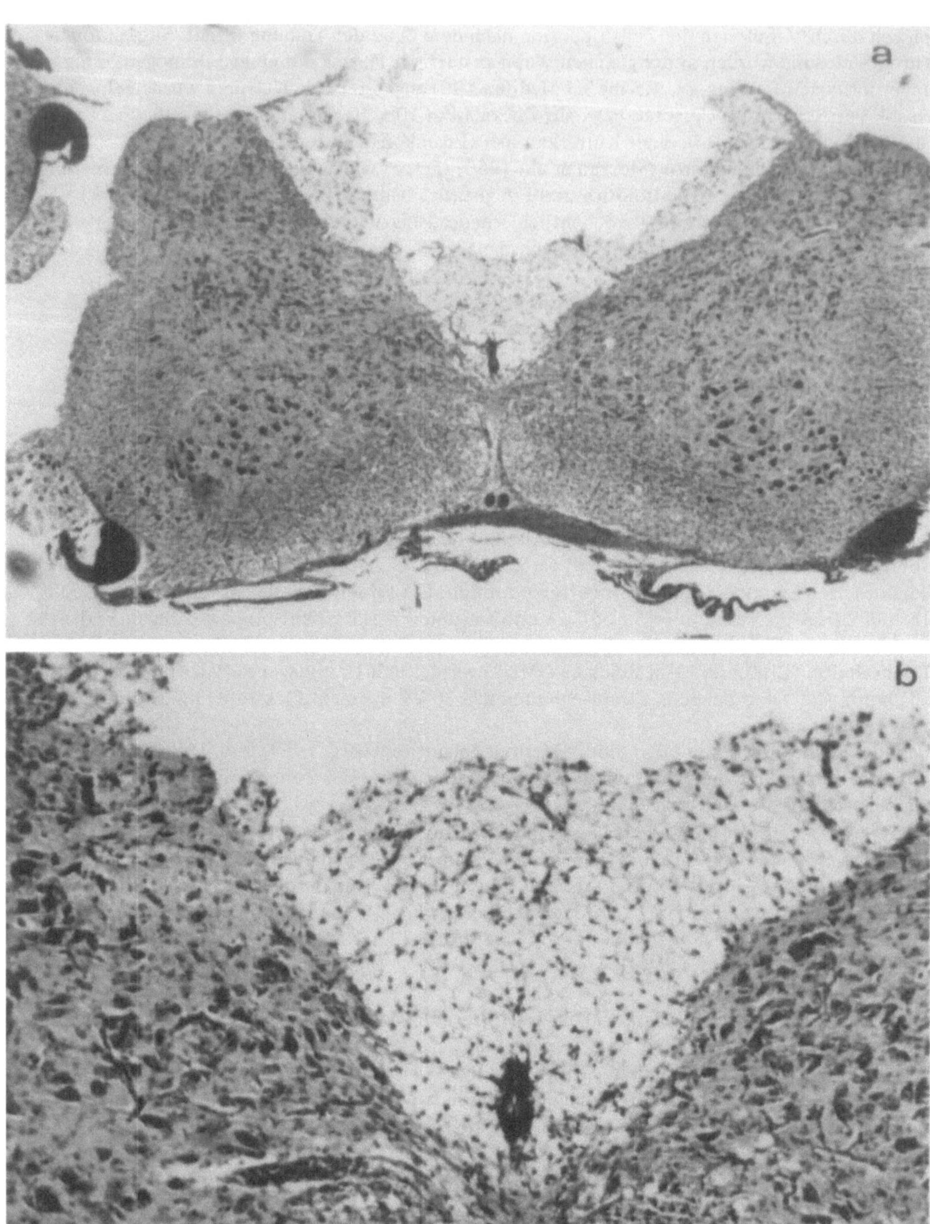

Abb. 12a und b. Rückenmark nach Präparation des Glykogenkörpers, 18 Tage alter Hühnerembryo. Fix. Bouin, Paraffinschnitt (10 μm Dicke), Haematoxylin-Eosin. (a) Übersicht. Vergr. 35 x. (b) Detail der Region um den Zentralkanal. Vergr. 100 x. Beachte, daß für die Kultur nur Material des Glykogenkörpers entnommen wurde

Fig. 12a and b. Spinal cord after preparation of the glycogen body for tissue culture, 18 day chick embryo, 10 μm thickness, H.-E. (a) x 35. (b) detail to show the region of glycogen body surrounding the central channel, x 100. Note that only material from the glycogen body is taken for tissue culture

zu finden waren (Abb. 12). Somit steht fest, daß für die Kulturen ausschließlich Zellmaterial des Glykogenkörpers verwendet wurde.

Bei der Präparation wurden die Glykogenkörper bis zur Desintegration des Zellverbandes in Medium 199 mit Zusatz von Phenolrot gesammelt. In der kurzen Zeit bis zur weiteren Bearbeitung wurde regelmäßig ein Farbumschlag des Indikators nach gelb beobachtet. Dies bedeutete, daß die Glykogenkörper Säure freisetzen, die von der Pufferkapazität der kleinen Menge des Kulturmediums nicht abgefangen werden konnte. Es ist wahrscheinlich, daß es sich dabei um Milchsäure handelt (vgl. Dezza et al., 1970). Für den weiteren Kulturverlauf war eine pH-Verschiebung beim Mediumwechsel infolge der größeren Mediummengen nicht feststellbar.

Das Verhalten der Glykogenkörperzellen in der Gewebekultur ist von der Zelldichte abhängig. Aus Zellsuspensionen mit hoher Dichte lagern sich die Zellen wieder zu einem organotypischen Verband zusammen. Dabei werden große zusammenhängende Flächen oder netzartige Aggregationen gebildet (Abb. 13). Die Zellen liegen in mehreren Lagen übereinander, ohne daß es in den zentralen Partien des Verbandes zu degenerativen Veränderungen kommt. Die größeren Zellverbände können von der Unterlage gelöst werden und histologisch oder elektronenmikroskopisch nachuntersucht werden.

Im Semidünnschnitt treten nach PAS-Färbung die zentralen glykogenreichen Areale des Cytoplasmas hervor, während die juxtanukleäre Zone und ein schmaler peripherer Cytoplasmabereich ungefärbt bleiben. In solchen Kulturen bleibt das Glykogendepot über Wochen (kontrolliert über 28 Tage) erhalten (Abb. 13). Bei der Färbung nach Rüdeberg (1967) ergibt sich ein Bild, in dem die glykogenreichen Bezirke ungefärbt bleiben. In diesen Präparaten erkennt man besonders bei oberflächlich gelegenen Zellen eine Gliederung des Glykogendepots in mehrere Portionen sowie einzelne periphere Fettvakuolen (Abb. 13). An der Oberfläche solcher Zellaggregationen sind die Zellen häufig abgeflacht.

In Kulturen mit hoher Zelldichte entspricht die Ultrastruktur der reaggregierten Zellen weitgehend den Verhältnissen in vivo. Die Struktur des Glykogens ist nicht einheitlich und in der Regel granulär. Oft findet man netz- oder strangartige Glykogen-Formationen (Abb. 14, 15), die als Fixierungsartefakt anzusehen sind. Bei den kleinen Proben einer Kultur lassen sich jedoch auch mit Immersionsfixierung optimale Ergebnisse erzielen. Auffällig ist, daß benachbarte Zellen in den zentralen Cytoplasmabezirken eine sehr unterschiedliche Dichte der Glykogeneinlagerung aufweisen können (Abb. 14). Auch wenn Glykogenpartikel fast vollständig fehlen, bleibt die zentrale Region der Zelle frei von Zellorganellen und erscheint dann strukturlos. Wo mehrere Zellen aneinanderstoßen, ist der Interzellularraum erweitert. Dort befinden sich dünne Fortsätze der Glykogenkörperzellen (Abb. 15). Gelegentlich findet man im Interzellularraum einzelne Myelinfiguren, die offenbar aus zugrunde gegangenen Membransystemen stammen. Die Verbindung der Zellen untereinander wird durch kurze Desmosomen und Haftstellen hergestellt, die in dem verengten Interzellularraum eine osmiophile Zwischenschicht eingelagert haben (Abb. 15).

Während in Kulturen mit hoher Zelldichte die reaggregierten Zellen sehr passiv sind und ihren Glykogenvorrat erhalten, zeigen die Zellen in Kulturen mit geringer Zelldichte unter Verlust der Glykogeneinlagerung starke Veränderungen, die durch Lebendmikroskopie sowie histologisch und elektronenmikroskopisch erfaßt wurden.

Die Primärprozesse in Kulturen mit geringer Zelldichte können am besten durch Lebendmikroskopie dokumentiert werden. Diese ist jedoch dadurch erschwert, daß

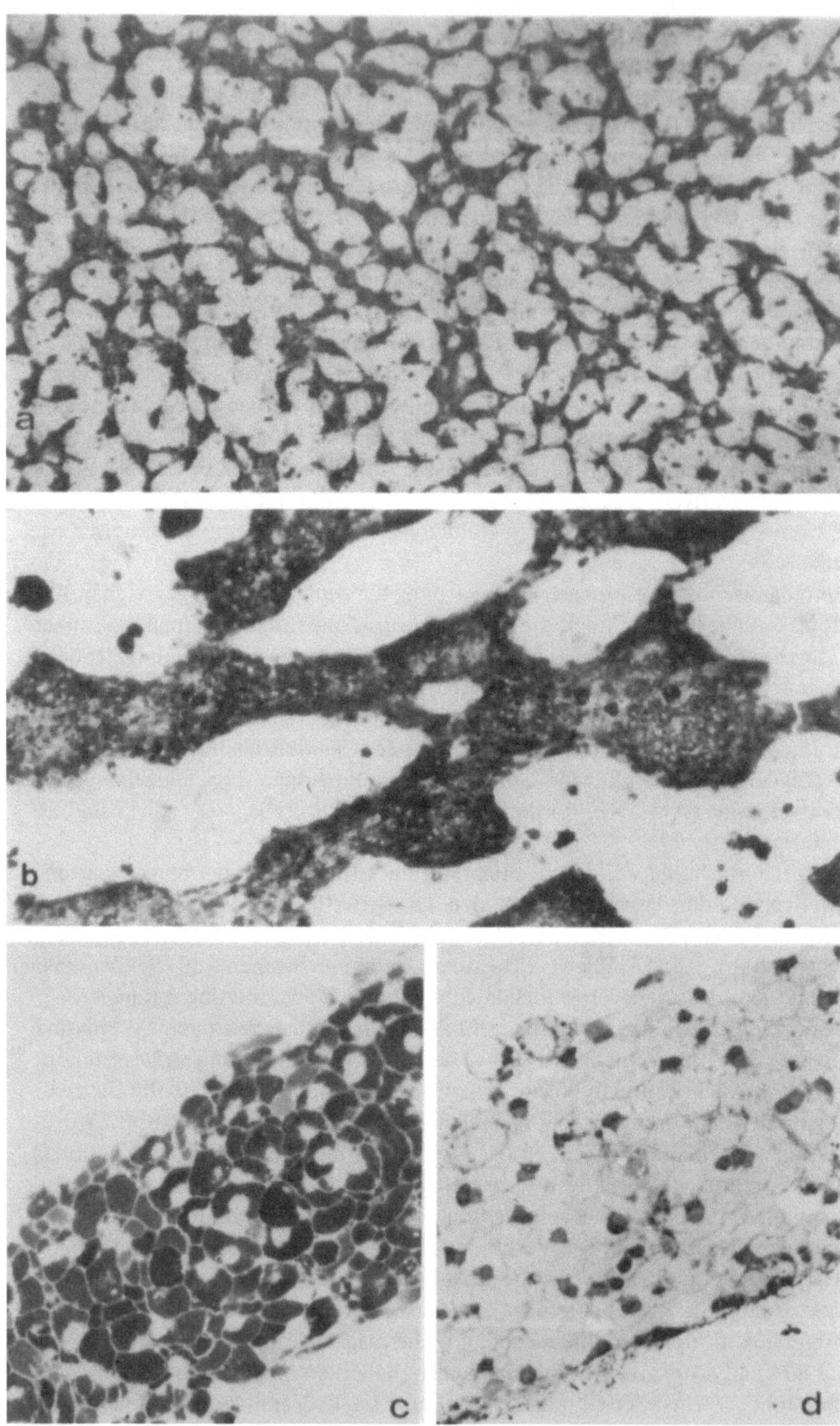

Abb. 13a–d

die einzelnen Zellen innerhalb einer Kulturkammer zu unterschiedlichen Zeiten mit ihren Gestaltsveränderungen beginnen. Darüber hinaus wurden für die verschiedenen Kulturansätze erhebliche Zeitdifferenzen für Beginn und Dauer dieser Veränderungen beobachtet. Aus diesem Grunde können die Phasen eines Prozesses, der im kürzesten Fall in einer Woche abläuft, aber durch Stagnation jeder einzelnen Phase auch mehrere Wochen (kontrolliert über 22 Tage) dauern kann, nur in ihrer zeitlichen Folge beschrieben werden. Aus den morphologischen Charakteristika einer Glykogenkörperzelle kann demnach nicht auf das Alter der Kultur geschlossen werden.

Nach der Desintegration des Zellverbandes liegen die Zellen in abgekugelter Form mit einem Durchmesser von etwa 30 μm vor (adult 90 μm). Ohne die Verwendung eines Plasmaclots finden nur wenige Zellen Kontakt zur Unterlage. Die meisten Zellen behalten ihre kugelige Gestalt (kontrolliert über 14 Tage). Da Fibrocyten unter diesen Kulturbedingungen schnell auf der Unterlage siedeln, besteht grundsätzlich die Möglichkeit, Fibrocyten aus einer Zellsuspension des Glykogenkörpers zu eliminieren. Von dieser Möglichkeit wurde kein Gebrauch gemacht, da bei der verwendeten Kultur-Technik Fibrocyten selten sind und die Glykogenkörperzellen sich leicht identifizieren lassen.

Bei der Anlage einer Kultur in einem Plasmaclot sind in diesen Zellen infolge ihrer Kugelgestalt und der starken Lichtbrechung der Glykogeneinlagerungen im Phasenkontrast zunächst keine Struktureinzelheiten zu erkennen (Abb. 17, 18a). Als ersten Vorgang in der Kultur beobachtet man, daß der zentrale Glykogenvorrat an seiner Oberfläche fragmentiert wird. Dabei entstehen mehrgliedrige Gebilde (Abb. 17) oder feiner gegliederte drusenartige Formationen (Abb. 16). Gleichzeitig entsenden die Zellen einen oder mehrere Fortsätze oder sie breiten sich flächenhaft aus (Abb. 16). Infolge der weiteren Zerklüftung der Glykogeneinlagerung kommt es schließlich zur Bildung von mehreren kleinen Glykogenkompartimenten (Abb. 16, 17, 18a, b).

Die kleineren Glykogeneinlagerungen wölben häufig die Zelloberfläche vor (Abb. 16, 17); im gefärbten Präparat wird dieser Zustand besonders deutlich (Abb. 16). Solche mit Glykogen gefüllten Cytoplasmaprotrusionen können von der Zelle abgeschnürt werden. Dieser Vorgang ist meistens mit einem Ortswechsel der Zelle verbunden. Vereinzelt werden auf diese Weise auch größere Glykogenkompartimente aus der Zelle eliminiert (Abb. 17). Wenn eine Aufgliederung des Glykogenvorrats und zum Teil auch seine Eliminierung aus der Zelle stattgefunden hat, werden die Zellen beweglich und

---

Abb. 13a–d. Glykogenkörperkulturen mit hoher Zelldichte. (a) 27 Tage alte Kultur, Fix. Glutaraldehyd, PAS-Reaktion. Netzartige Zellverbände, in denen die Zellen in mehreren Lagen übereinander liegen. Vergr. 35 x. (b) 4 Tage alte Kultur, Fix. Glutaraldehyd, PAS-Reaktion. Organotypische Reaggregation der Zellen. Vergr. 250 x (c) 6 Tage alte Kultur, Fix. Glutaraldehyd-Osmiumsäure, Epon, Schnittdicke 1 μm, PAS-Reaktion. Die glykogenreichen Areale sind deutlich angefärbt. Die perinukleäre und äußerste Cytoplasmaregion bleiben ungefärbt. (d) Dieselbe Kultur wie in c. Epon, Schnittdicke 1 μm, Thionin-Methylenblau. Nur die perinukleäre und die äußerste Cytoplasmaregion sind dargestellt. An der Oberseite der Kultur 2 Zellen mit mehreren Glykogenkompartimenten und Lipidvakuolen. Vergr. c und d 540 x

Fig. 13a–d. Glycogen body cells cultured with high cell density, 18 day chick embryo. (a) 27 days in culture, glutaraldehyde, PAS x 35. Netlike aggregation of glycogen body cells, which lie in several layers. (b) 4 days in culture, glutaraldehyde, PAS, x 250. Organotypic reaggregation of glycogen body cells. (c) 6 days in culture, glutaraldehyde, Epon, semithin section, PAS x 540, glycogen-containing areas are stained, perinuclear and outer cytoplasmic region remain unstained. (d) same data as in c, stained thionin-methylene blue, x 540, glycogen rich areas unstained, note lipid vacuoles and fragmentation of glycogen depot in two cells upper left. Compare with Fig. 14

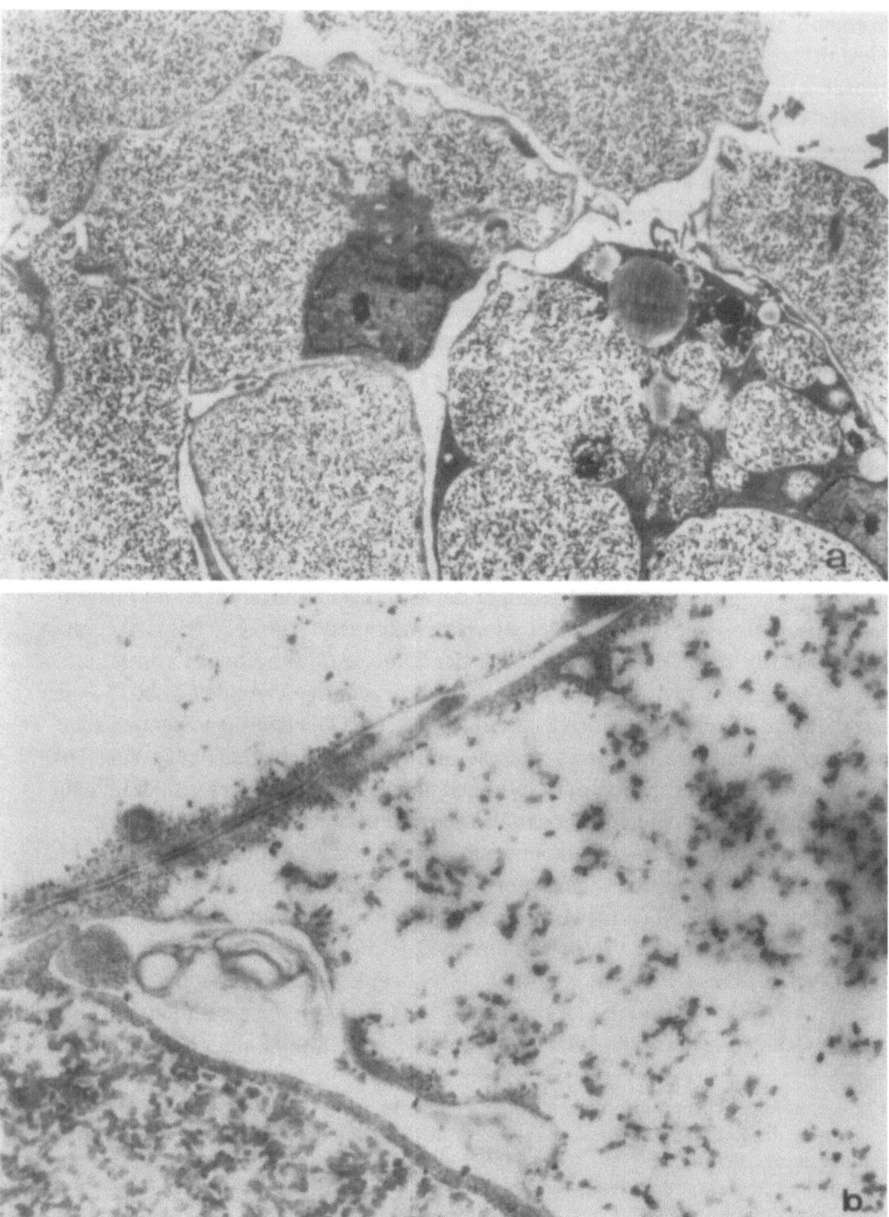

Abb. 14a und b. Glykogenkörperkulturen mit hoher Zelldichte (a) 4 Tage alte Kultur. Fix. Glutaraldehyd/Osmiumtetroxyd, Epon, Uranylacetat/Bleicitrat, Schnitt senkrecht zur Unterlage. Das Glykogen ist in der von Zellorganellen freien zentralen Cytoplasmaregion akkumuliert. Rechts eine Zelle mit gegliederten Glykogenkompartimenten und Lipidvakuolen. Feine Zellausläufer im Interzellularraum. Vergr. 3 600 x (b) 6 Tage alte Kultur. Technik wie in a. 3 Zellen mit unterschiedlich dichter Packung der Glykogenpartikel. Beachte die homogene Grundstruktur der glykogenreichen Cytoplasmabezirke. Myelinfiguren und Zellausläufer im Interzellularraum. Vergr. 18 000 x

Fig. 14a and b. Glycogen body, 18 day chick embryo, culture with high cell density, glutaraldehyde/osmium tetroxide, Epon, uranyl acetate/lead citrate, sections perpendicular to the growing surface. (a) 4 days in culture. Glycogen is accumulated in a central cell organelle free cytoplasmic region; at right a cell with fragmentated glycogen depot and lipid vacuoles, thin cell processes

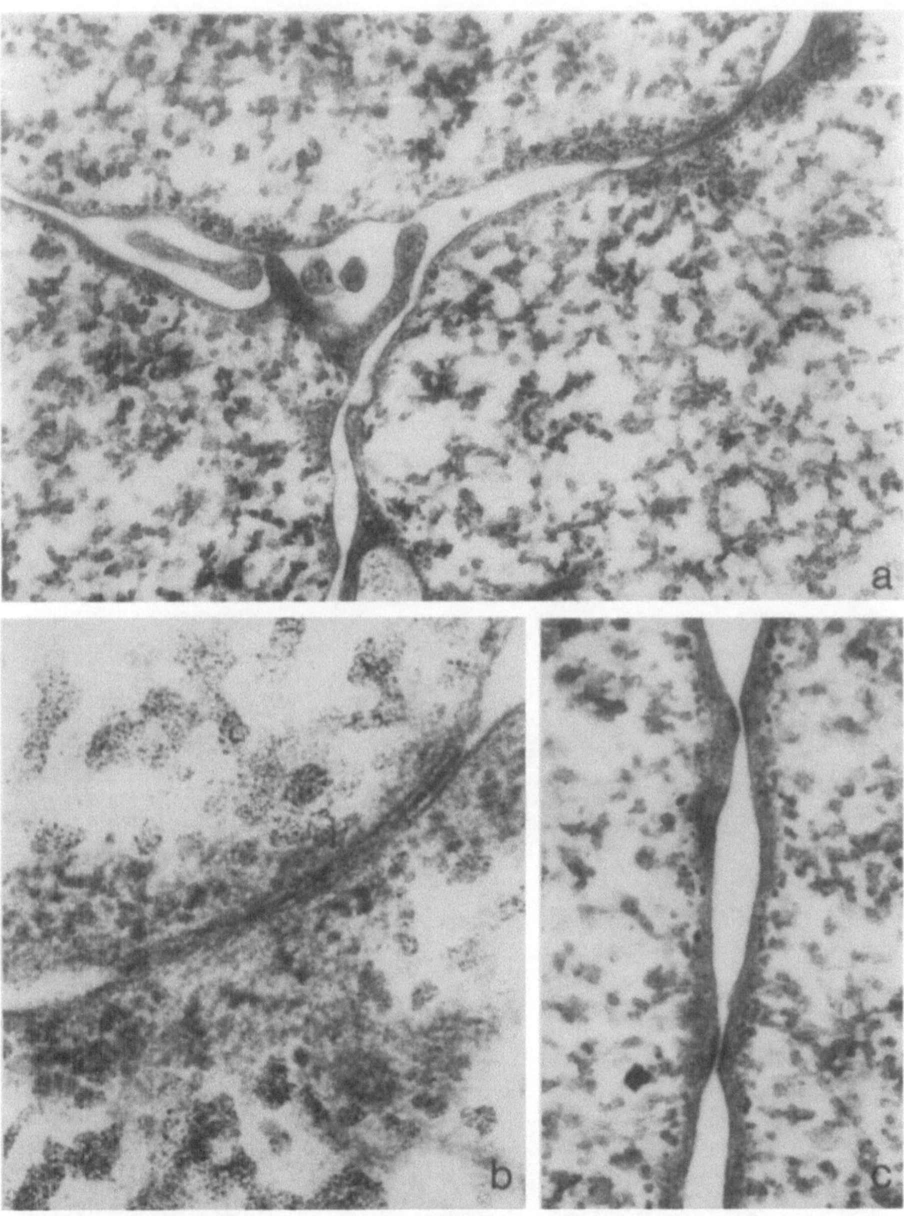

Abb. 15a—c. Glykogenkörperkulturen hoher Zelldichte. (a) 4 Tage alte Kultur. Fix. Glutaraldehyd/Osmiumtetroxyd, Epon, Uranylacetat/Bleicitrat, 24 000 x. Flockige Erscheinung der Glykogenpartikel. Zellfortsätze im Interzellularraum. Zellkontakt mit osmophiler Zwischenschicht. (b) Detail aus a, 80 000 x. (c) 6 Tage alte Kultur. Technik wie in a, 30 000 x. Desmosomen

Fig. 15a—c. Glycogen body, 18 day chick embryo, culture with high cell density, glutaraldehyde/osmium tetroxide, Epon, uranyl acetate/lead citrate. (a) 4 days in culture, strands of glycogen particles, cell processes in the intercellular space, cell contact with intercellular osmophilic material, x 24 000. (b) detail from a, x 80 000, (c) 6 days in culture, desmosomes, x 30 000

within the intercellular space, x 3 600. (b) 6 days in culture, 3 cells with different content of glycogen, x 1 800

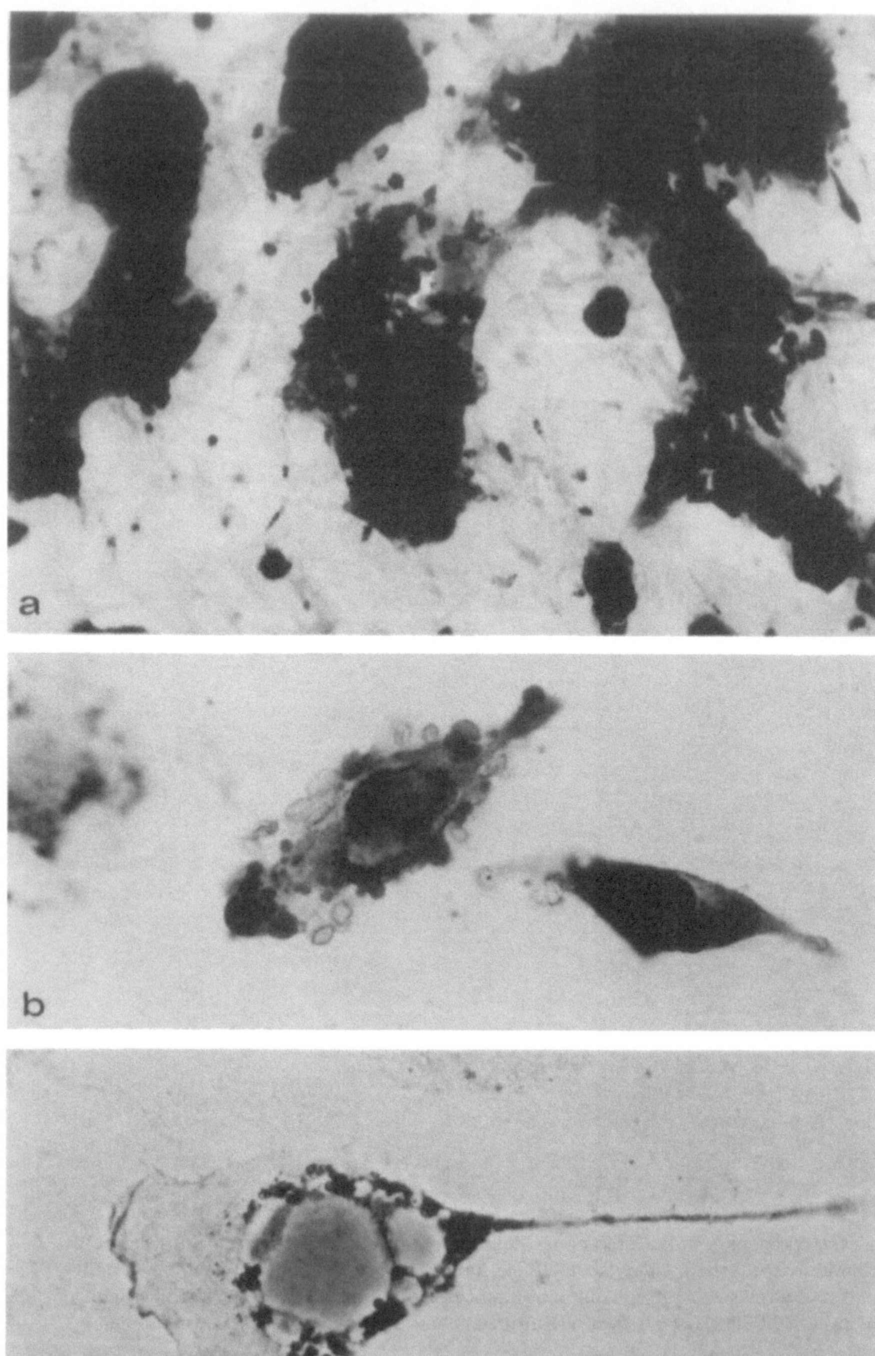

Abb. 16a–c

nehmen unter Ortsveränderung wechselnde Gestalt an. Über das Ausmaß dieser Veränderungen innerhalb von kurzen Zeitabständen orientieren Abb. 18a und Abb. 18b. Regelmäßig wird bei diesen Zellen die Ausbildung undulierender Lamellen an den Zellrändern beobachtet. Die primär gestreckten (bipolaren) Zellen wandeln sich langfristig in großflächige, runde Zellelemente um (Abb. 17, 20, 24). Während dieser Umwandlungen kugeln sich einzelne Zellen vorübergehend ab, breiten sich dann aber meistens wieder aus. Gelegentlich lösen sich abgekugelte Zellen von der Unterlage und gehen in der Kulturkammer für die Beobachtung verloren.

Während dieser Umwandlungsprozesse beobachtet man, daß um die zentralen glykogenreichen Cytoplasmabezirke kleinere Vakuolen auftreten, die im Phasenkontrast hell erscheinen, aber weniger stark lichtbrechend sind als die glykogenreichen Abschnitte. Bei Färbung mit PAS-Sudanschwarz wird deutlich, daß die glykogenreichen Cytoplasmaareale von einem Kranz kleiner Fettvakuolen umgeben sind (Abb. 16). Bei verschiedenen Zellen ist der zentrale Cytoplasmaabschnitt unterschiedlich stark mit der PAS-Methode angefärbt; bei einzelnen Zellen bleibt diese strukturlose Region ungefärbt (Abb. 16).

Fettvakuolen wurden auch in Kulturen mit großer Zelldichte an der Oberfläche der reaggregierten Zellverbände beobachtet.

Zu den Kombinationsfärbungen PAS-Sudanschwarz bzw. -Sudangrün ist zu bemerken, daß die PAS-Färbung bei Einschluß in Glyzeringelatine verblaßt und Sudangrün Kristalle bildet. Aus diesen Gründen ist in jedem Fall eine schnelle Auswertung und Dokumentation dieser Präparate angezeigt.

Wenn die Zellen bei ihrer oben beschriebenen flächenhaften Ausbreitung untereinander Kontakt finden, entstehen epitheliale Zellverbände (Abb. 19). Zwischen den Zellen bleiben stellenweise Lücken erhalten. Nicht alle Zellen liegen in einer Ebene; zahlreiche Zellen überwandern die untere Zellage oder greifen mit ihren Fortsätzen auf die Territorien anderer Zellen über (Abb. 19). In den Randzonen beobachtet man stets auch Elemente, die sich in einem früheren Stadium der Umwandlung befinden. Bei den Wanderungen bleiben die Zellen häufig durch feine Ausläufer mit der Unterlage des alten Standorts verbunden. Bei ihrer weiteren Ausbreitung wird der Kern sichtbar, in dem sich meistens zwei Nukleoli befinden (Abb. 23). In den flächig ausgebreiteten Zellen, die einzeln oder in Gruppen liegen, ist das Cytoplasma in radiären

---

Abb. 16a–c. Glykogenkörperkulturen hoher und geringer Zelldichte. (a) 8 Tage alte Kultur mit hoher Zelldichte. Fix. Glutaraldehyd/Osmiumtetroxyd, PAS, Totalpräparat in Epon. Übersicht mit glykogenreichen organotypisch reaggregierten Zellen und dazwischen liegenden flächenhaft ausgebreiteten glykogenarmen und glykogenfreien Zellen. Vergr. 250 x. (b) 10 Tage alte Kultur mit geringer Zelldichte. Fix. Glutaraldehyd, PAS/Sudanschwarz. Lipidvakuolen schwarz. In den Cytoplasmaprotrusionen befindet sich Glykogen (grau), das durch Exocytose eliminiert werden kann. Vergr. 1 000 x. (c) 10 Tage alte Kultur mit geringer Zelldichte. Technik wie in b. Um die aufgegliederte Glykogenkompartimente (grau) befinden sich Lipidvakuolen (schwarz), die in geringer Größe auch in dem Zellfortsatz angetroffen werden. Vergr. 1 000 x

Fig. 16a–c. Glycogen body, 18 day chick embryo, cultures with high and low cell densities. (a) 8 days old culture with high cell density, glutaraldehyde/osmium tetroxide, PAS total preparation in Epon. Note glycogen rich cells with lie closed together in organotypic pattern and glycogen free cells flattened on the surface, x 250. (b) 10 days old culture with low cell density, glutaraldehyd/osmium tetroxide, PAS/Sudan black. Inside the cytoplasmic protrusions glycogen (gray) which may be eliminated by exocytosis, lipid vacuoles (black), x 1 000. (c) same culture as in b. Glycogen rich areas (gray) are surrounded by lipid vacuoles (black) which are found even in the long cell process, x 1 000

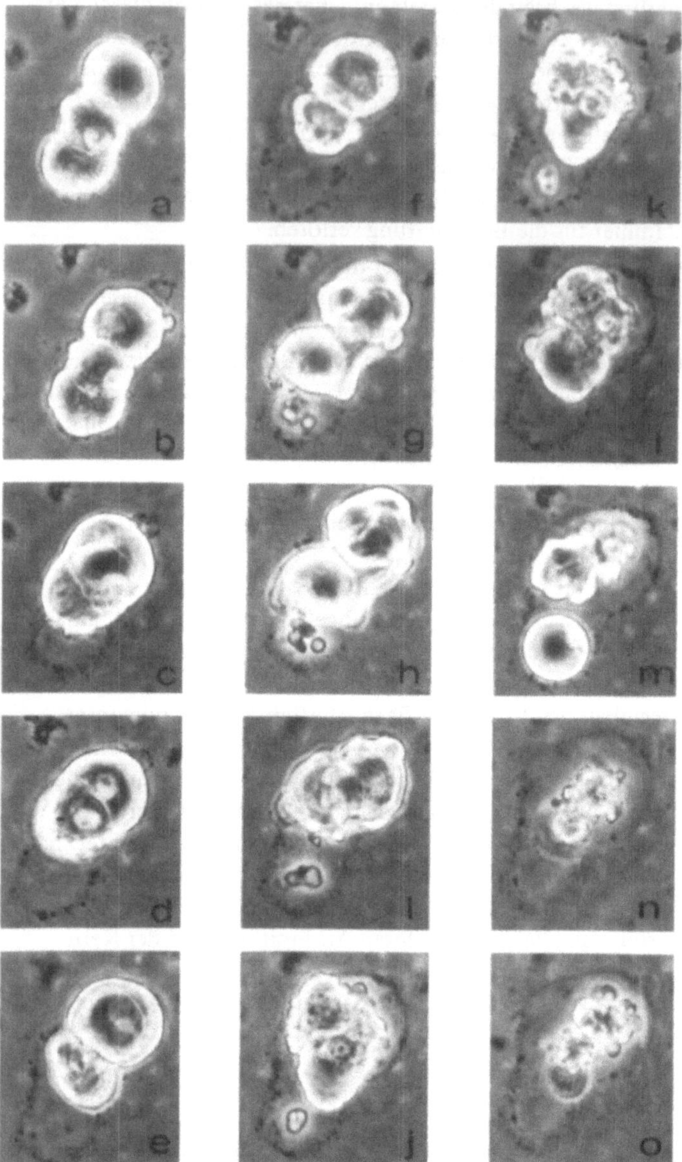

Abb. 17a—o. Fortschreitende Aufgliederung des Glykogendepots in einer Zelle in Kultur geringer Zelldichte. Lebendmikroskopie, Phasenkontrast. (a—e) verschiedene Stadien am ersten Kulturtag, (f—i) am zweiten und (j—o) am dritten Kulturtag. Beachte die schrittweise erfolgende Fragmentierung des Glykogenvorrats und die flächige Ausbreitung der Zelle. Weitere Erläuterung im Text. Vergr. 400 x

Fig. 17a—o. Glycogen body, 18 day chick embryo, culture with low cell density, phase contrast, x 400. One cell at the first (a—e) at the second (f—i) and at the third day of incubation (j—o). Note the stepwise fragmentation of glycogen depot and the flattening of the cell. For further details see text

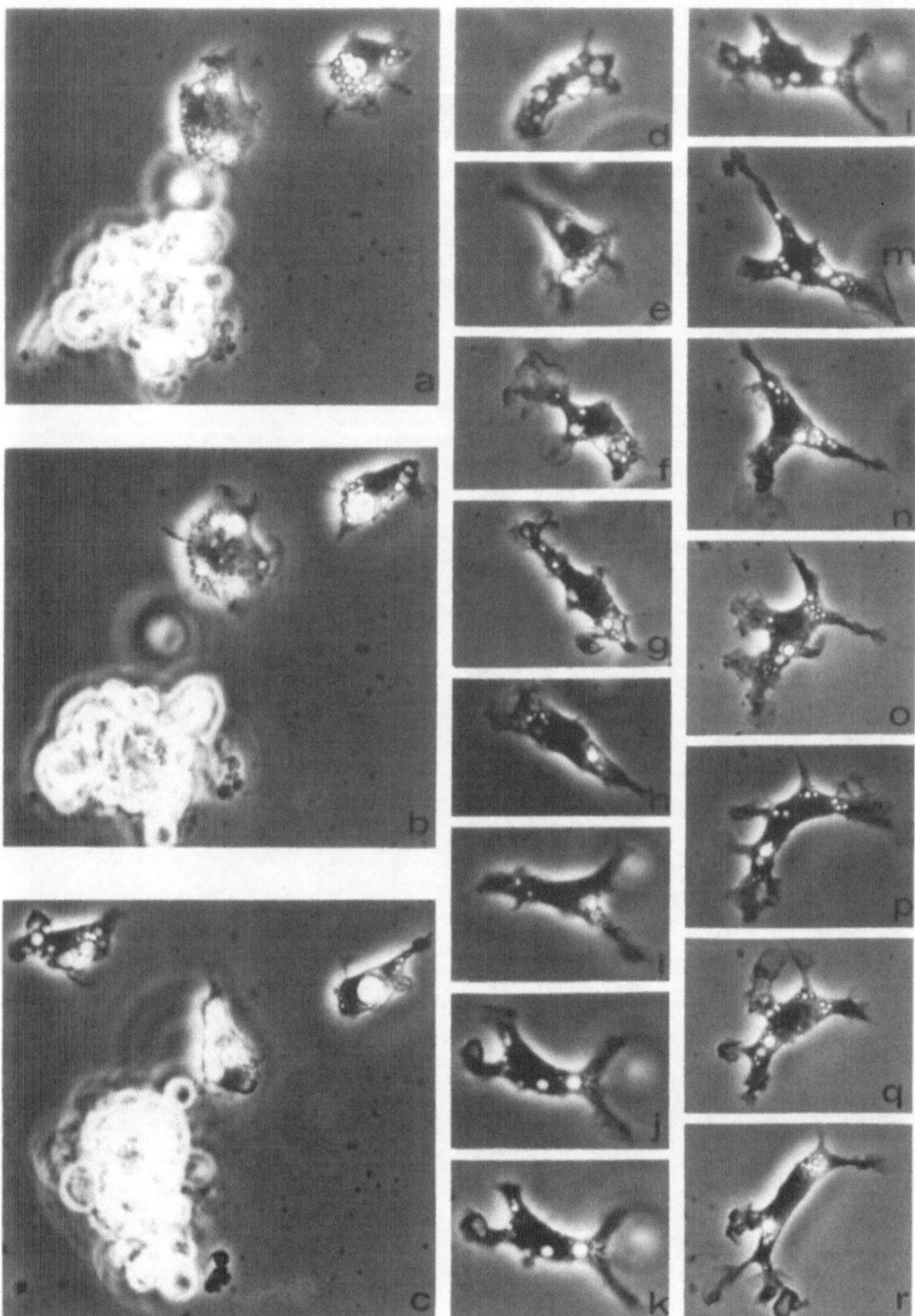

Abb. 18A a–r. Glykogenkörperkultur geringer Zelldichte. Lebendmikroskopie, Phasenkontrast.
(a–r) Aufnahmen im Abstand von 30 min am ersten Kulturtag. Beachte die Formveränderung
der Zelle oben rechts in a–c, die in d–e weiter verfolgt wurde. Vergr. 400 x

Fig. 18A a–r. Glycogen body, 18 day chick embryo, culture with low cell density, phase contrast,
x 400, (a–r) first day of incubation in steps of 30 min. Note cell upper right in a–c which is observed further in d–r

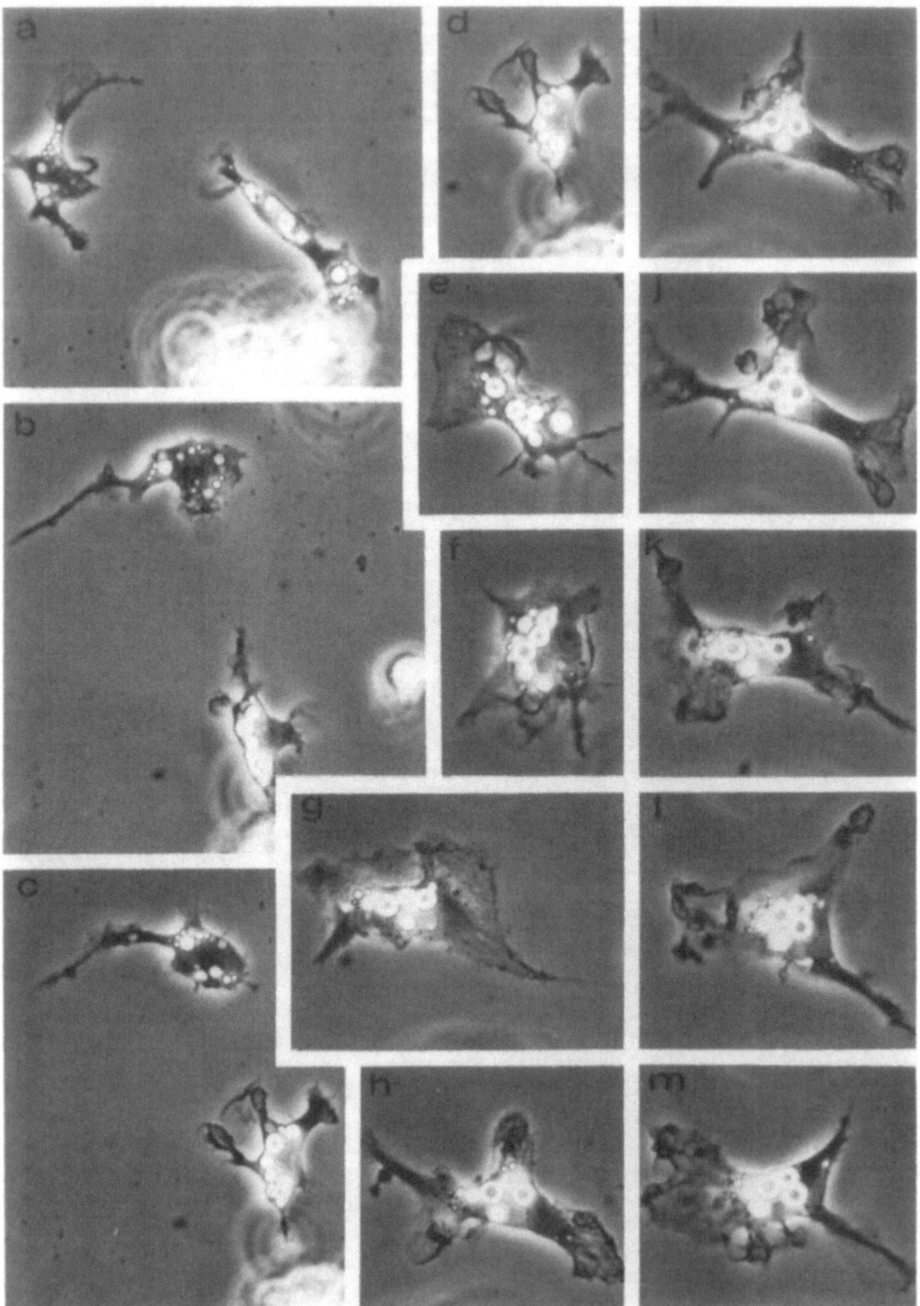

Abb. 18B a–m. Glykogenkörperkultur geringer Zelldichte. Lebendmikroskopie, Phasenkontrast. (a–m) Aufnahmen im Abstand von 60 min am zweiten Kulturtag. Beachte die Formveränderung der Zelle und die Verlagerung der sehr hellen Glykogenkompartimente. Vergr. 400 x

Fig. 18B a–m. Glykogen body, 18 day chick embryo, culture with low cell density, phase contrast, x 400, second day in culture. (a–m) at 60 min intervals. Note changes in cell shape and movement of glycogen depots (bright)

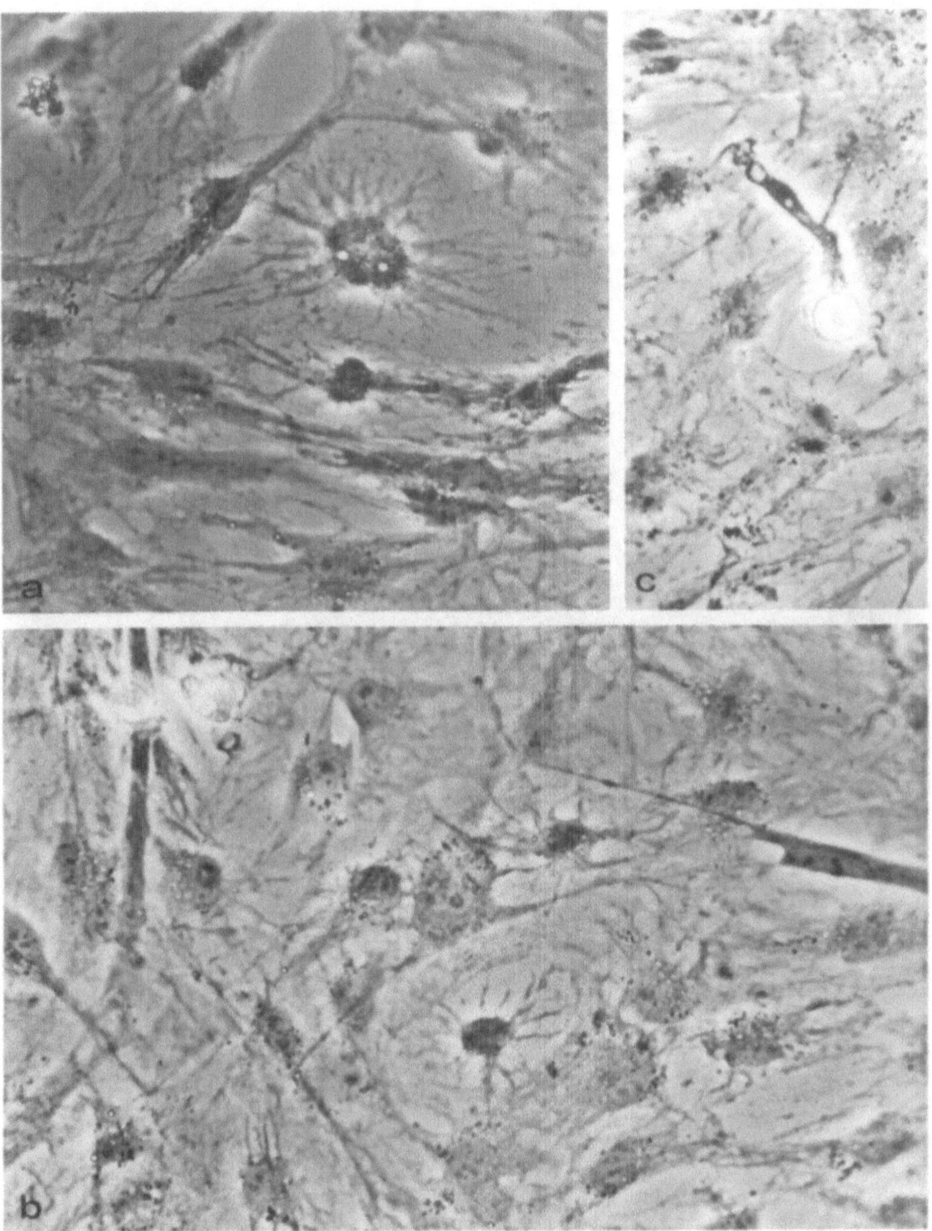

Abb. 19a—c. Glykogenkörperkultur geringer Zelldichte. Lebendmikroskopie, Phasenkontrast.
15 Tage kultiviert. (a—c) verschiedene Areale einer Kulturkammer. Die Zellen haben nach flächiger Ausbreitung Kontakte aufgenommen. Teilweise sind radiäre Cytoplasmaverdichtungen und Fortsätze zu beobachten. Die Zellen liegen nicht in einer Ebene. Einzelne Zellen überwandern den Zellverband. Die meisten Zellen erscheinen glykogenfrei. Vergr. 400 x

Fig. 19a—c. Glycogen body, 18 day chick embryo, culture with low cell density, phase contrast, x 400, 15 days in culture, (a—c) different areas from one culture chamber; flat cells lie in close contact; most cells appear to be free from glycogen; some cells are superimposed to the general layer

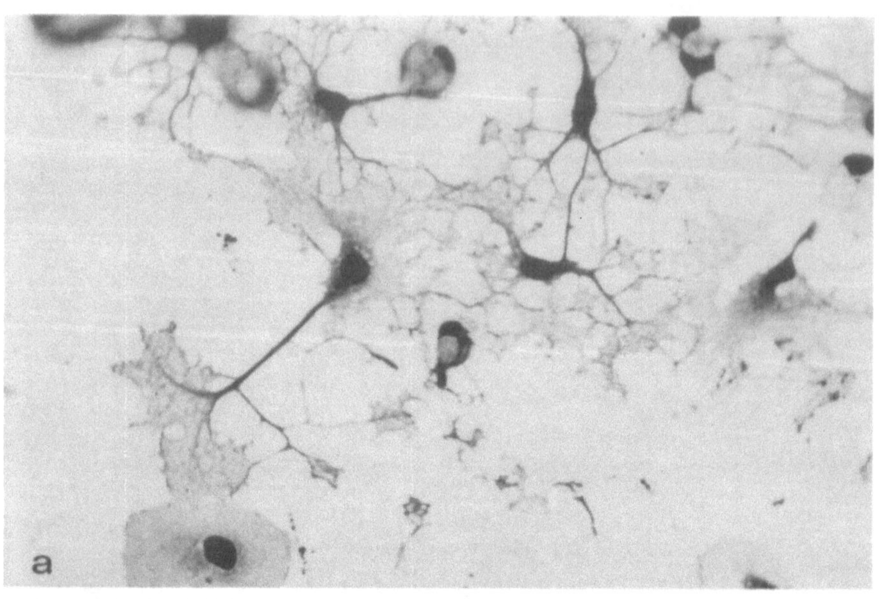

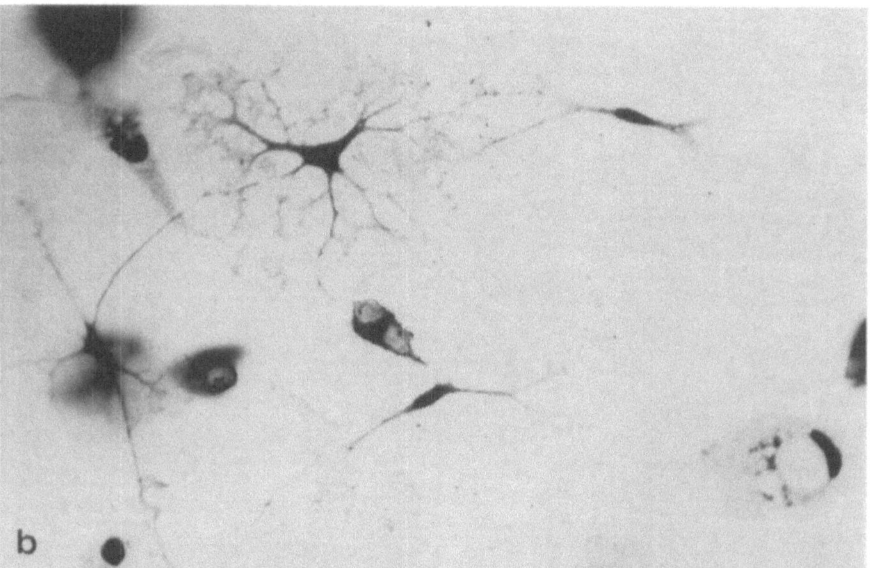

Abb. 20a—b. Glykogenkörperkultur geringer Zelldichte. 8 Tage kultiviert. Fix. Glutaraldehyd, Bleitetraacetat-Schiff/Bodian-Ziesmer. (a) Flächig ausgebreitete und astrocytäre Zellen. Dazwischen abgekugelte glykogenreiche Zellen mit randständigem Zellkern. (b) Typische astrocytäre und bipolare Zellen. Flächig ausgebreitete Zelle mit Glykogen. Vergr. 500 x

Fig. 20a—b. Glykogen body, 18 day chick embryo, culture with low cell density, 8 days in culture, glutaraldehyde, lead tetraacetate Schiff/Bodian-Ziesmer, x 540. (a) Astrocytic cell elements and round cells containing glycogen depot. (b) typical astrocytic and bipolar cells

Abb. 21a—c. Glykogenkörperkultur geringer Zelldichte. 6 Tage kultiviert. Fix. Glutaraldehyd/Osmiumtetroxyd, Epon, Schnitt parallel zur Unterlage, Uranylacetat/Bleicitrat. (a) 32 000 x Mikrofilamente und Mikrotubuli, Ribosomen. (b) 8 000 x, perinukleäres Cytoplasmafeld mit Mitochondrien. (c) 30 000 x Zentriole und Polyribosomen

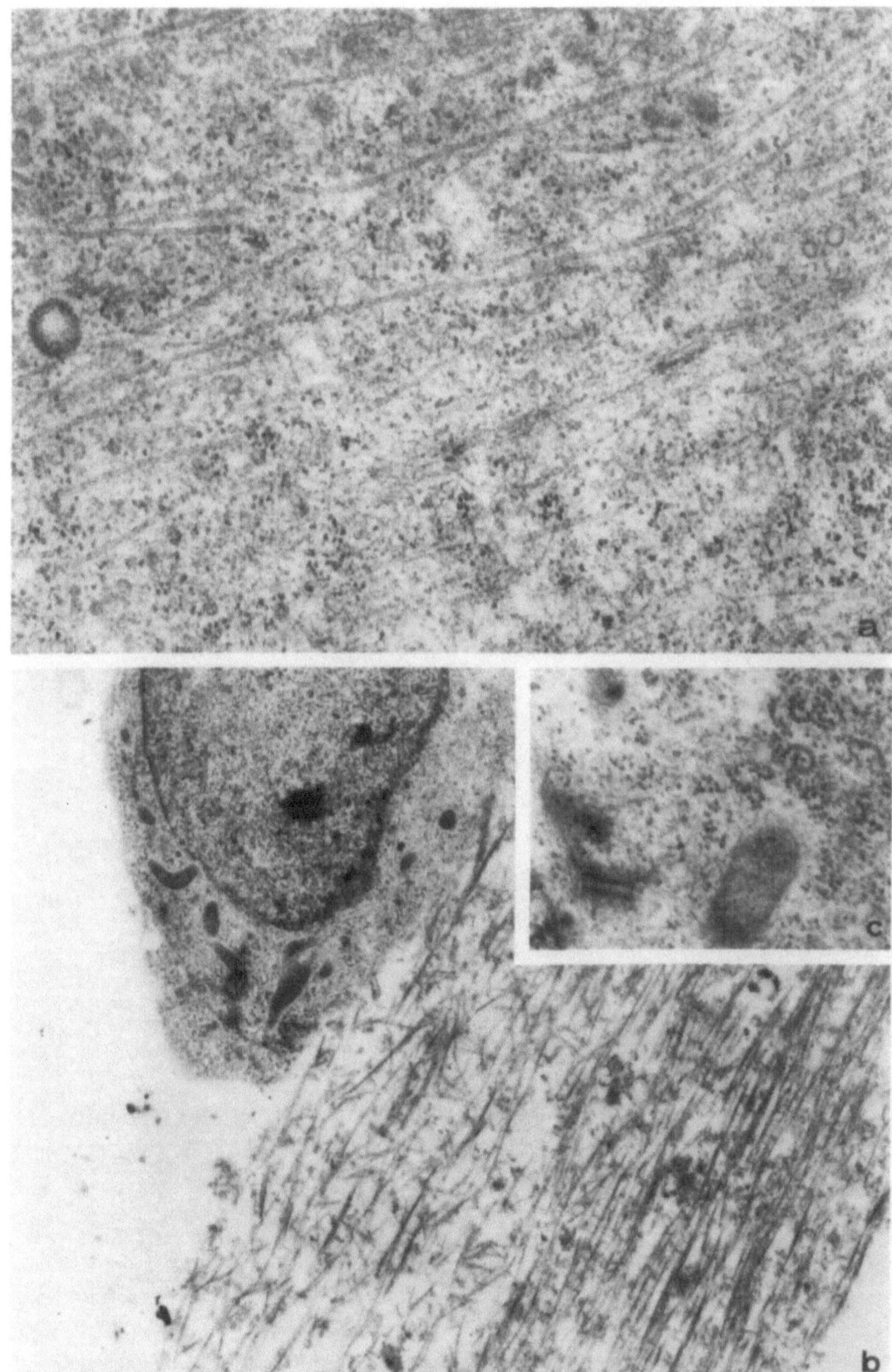

Fig. 21a–c. Glycogen body, 18 day chick embryo, culture with low cell density, 6 days in culture, glutaraldehyde/osmium tetroxide. Epon, section parallel to growing surface, uranyl acetate/ lead citrate. (a) x 32 000, microfilaments and microtubules, ribosomes. (b) x 8 000, perinuclear field with mitochondria. (c) x 30 000, centrioles and polyribosomes

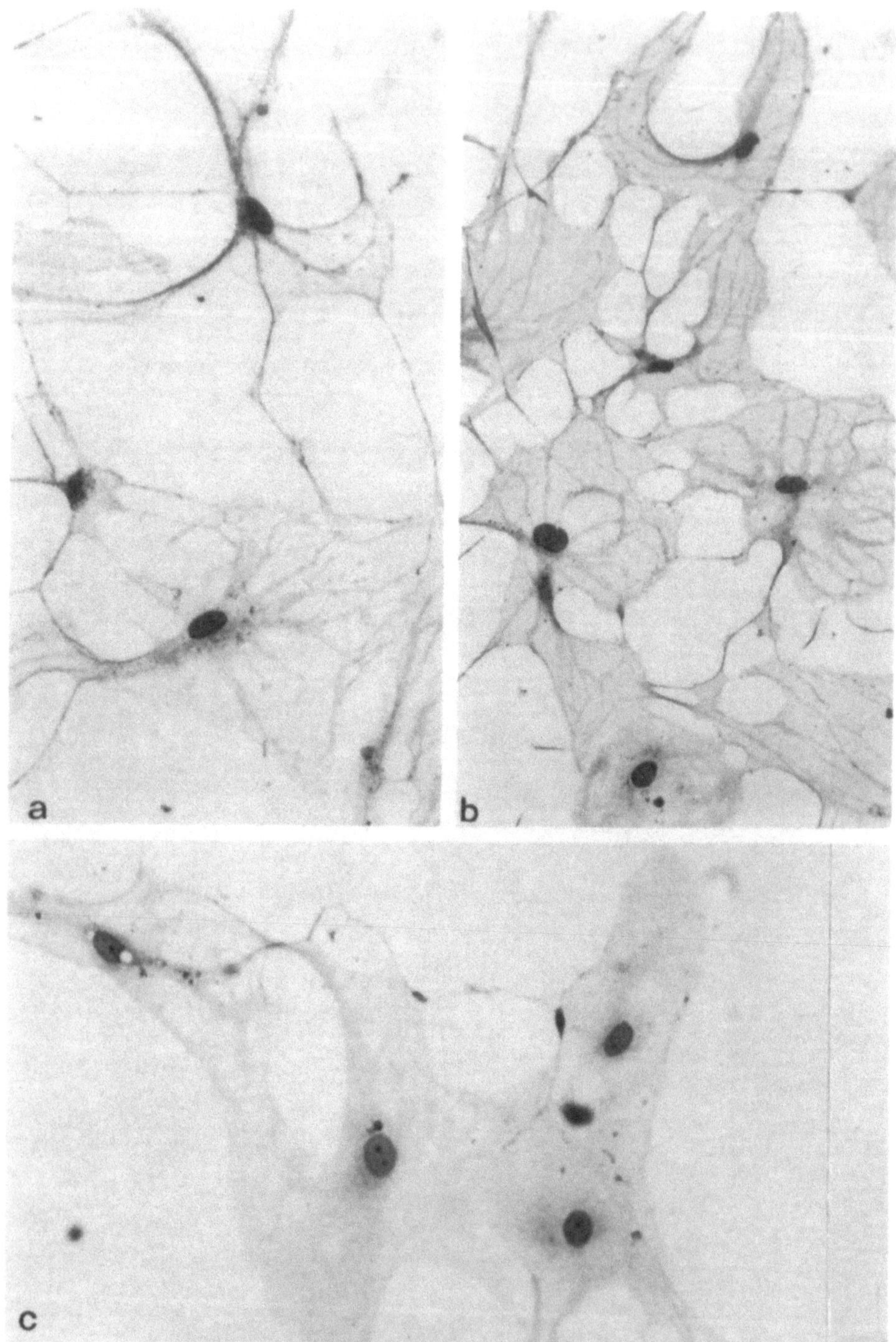

Abb. 22a−c. Glykogenkörperkultur geringer Zelldichte. 35 Tage kultiviert. Fix. Glutaraldehyd, PAS/Bodian-Ziesmer. (a und b) 7 Tage Vorkultur und Zusatz von dBcAMP. Beachte die Ramifizierung und Ausbildung von radiären Cytoplasmaverdichtungen. Glykogen ist nicht nachweisbar. (c) Kontrolle ohne dBcAMP. Die Zellen sind flächig ausgebreitet und enthalten kein Glykogen. Vergr. a und c 400 x, b 250 x

Strängen verdichtet (vgl. Abb. 17). Von solchen, im histochemischen Präparat glykogenfreien Zellen führen verschiedene Übergangsformen zu Zellelementen, die nur noch über ihre Fortsätze untereinander in Kontakt stehen oder völlig isoliert sind (Abb. 20). Diese Fortsätze, die mehr oder weniger stark ausgeprägte undulierende Cytoplasmamembranen besitzen, lassen sich durch Versilberung nach Bodian/Ziesmer darstellen. Diese Darstellbarkeit beruht auf dem Vorhandensein fibrillärer Strukturen, die bereits in früheren glykogenreichen Stadien durch Kombinationsfärbung Bodian-PAS nachgewiesen·werden können. Unter diesen stark ramifizierten Zellen findet man neben radiär orientierten stets auch einige bipolar ausgerichtete Elemente (Abb. 20).

Die Ultrastruktur dieser reich ramifizierten Zellen ist in Flachschnitten parallel zur Unterlage wegen der Feinheit ihrer Fortsätze und Cytoplasmalamellen nur im Bereich der Perikaryen sicher zu erfassen. Die Plasmalemmata werden bei dieser Schnittrichtung meistens so schräg angeschnitten, daß die Begrenzung einer Zelle nicht deutlich ist. Auffällige Strukturen sind die Mikrotubuli und Mikrofilamente, die sich in die Fortsätze erstrecken (Abb. 21).

Das endoplasmatische Retikulum ist nur wenig ausgebildet. Freie Ribosomen und Polyribosomen sind reichlich vorhanden (Abb. 21). In zahlreichen Anschnitten wurden Zentriolen angetroffen, dagegen sind Lipidvakuolen nicht regelmäßig vorhanden.

Der Vorgang der Ramifizierung der großen abgeplatteten Glykogenkörperzellen · in Kulturen geringer Zelldichte erinnert an Erscheinungen, die experimentell bei Gliomazellen (Daniels und Hamprecht, 1974; Hamprecht, persönliche Mitteilung) und Melanocyten (Kitano, 1973) erzeugt wurden; unter der Wirkung von di-Butyryl-cyclo-Adenosinmonophosphat (dBcAMP) geben diese Zellen ihre epitheliale Struktur auf und bilden eine reichliche Verästelung aus. Versuche, das bei Glykogenkörperzellen sich uneinheitlich bildende Astwerk durch Zusatz von dBcAMP zum Kulturmedium zu fördern, führten zu folgenden Ergebnissen: Nach Zusatz von dBcAMP bei Kulturbeginn konnte kein Kulturerfolg erzielt werden, weil die Zellen nicht auf der Unterlage siedelten. Bei Zusatz nach einer Woche Vorkultur zeigte sich – im Vergleich zur Kontrollkultur – erst nach 14 Tagen eine geringfügige Ramifizierung, die aber feiner und bizarrer war als in den Normalkulturen (vgl. Abb. 22). Als eine Beschleunigung der Ramifizierung und Vereinheitlichung·des Kulturverlaufs kann dieser geringe Effekt jedoch nicht angesehen werden.

In Kulturen von Glykogenkörperzellen 18 Tage alter Embryonen wurden in Übereinstimmung mit den Befunden von Kawiak (1956) lebendmikroskopisch und in gefärbten Präparaten keine Mitose gefunden, so daß es sich um stationäre Primärkulturen handelt.

In verschiedenen Kulturansätzen haben wir Zellen mit zwei Kernen oder einem auffallend großen Nucleus beobachtet (Abb. 23). Ob zweikernige Zellen in situ vorkommen und somit schon bei Kulturbeginn vorhanden sind, war aus den vorhandenen Schnittserien wegen der großen Zelldurchmesser und des dünnen Cytoplasmasaums nicht eindeutig zu klären. Die Zelldurchmesser betragen bei 18 Tage alten Embryonen etwa 30 μm, bei adulten Hühnern etwa 90 μm (vgl. Abb. 11, 12). Zur Prüfung, ob die

---

Fig. 22a–c. Glycogen body, 18 day chick embryo, culture with low cell density, 35 days in culture, glutaraldehyde, PAS/Bodian-Ziesmer, x 400. (a and b) After 7 days of preincubation, addition of dBcAMP to the culture medium; note ramification and radial cytoplasmic strand; no glycogen is detectable. (c) control without addition of dBcAMP. Cells are flattened and appear glycogen free

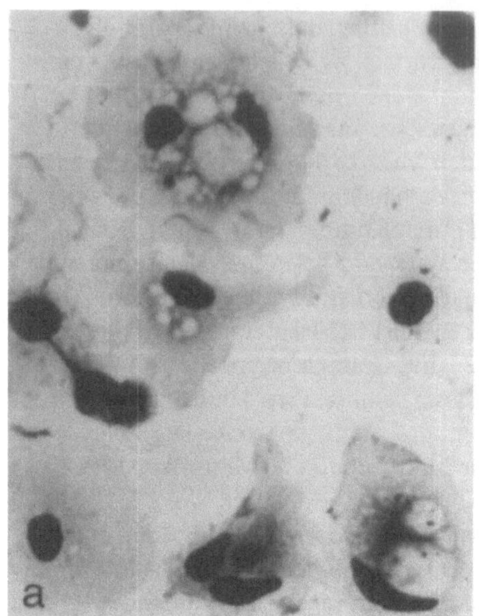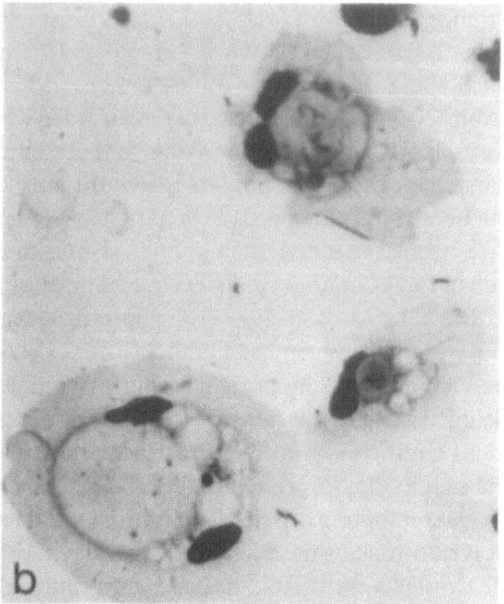

Abb. 23a und b. Glykogenkörperkultur geringer Zelldichte. 8 Tage kultiviert. Fix. Glutaraldehyd, Bleitetraacetat-Schiff/Bodian-Ziesmer. (a) und (b) Mehrkernige Zellen. Beachte die unterschiedliche Lage der Kerne, besonders in glykogenreichen Zellen. Vergr.: 540 x

Fig. 23a and b. Glycogen body, 18 day chick embryo, culture with low cell density, 8 days in culture, glutaraldehyde, lead tetraacetate Schiff/Bodian-Ziesmer, x 540. (a) and (b) multinucleated cells with different position of nuclei

Mehrkernigkeit erst in der Gewebekultur entsteht, wurden dem Medium am zweiten Tag ³H-Thymidin für eine Kulturdauer von 14 Tagen zugesetzt. Nach diesem Langzeitmarkierungsversuch zeigten die Autoradiogramme mit PAS-Gegenfärbung, daß glykogenfreie und glykogenarme Zellen zu einem großen Teil markiert sind, während in Gruppen liegende glykogenreiche Zellen unmarkiert bleiben (Abb. 24).

Die Absorptionsmessungen an Feulgenpräparaten lassen eine statistische Auswertung infolge der Unterschiede innerhalb einer Kultur und zwischen den einzelnen Versuchsserien nicht zu. Für die Bestätigung der Befunde aus dem Markierungsexperiment und der Beobachtung, daß in den Kulturen keine Mitosen auftreten, genügt ein Vergleich der Werte großer und kleiner Kerne mit den beiden Kernen einer zweikernigen Zelle. Die Werte von zwei Zellkernen einer Zelle liegen im Bereich der Meßwerte an einem großen Zellkern oder von zwei kleinen Zellkernen in zwei verschiedenen Zellen. Einzeln gemessen entspricht die Absorption der Kerne zweikerniger Zellen den an einem kleinen Zellkern gemessenen Werten (Abb. 25).

4.4. Diskussion

Das unterschiedliche Verhalten ausdifferenzierter Glykogenkörperzellen des Huhnes in Kulturen hoher und geringer Zelldichte weist auf zwei verschiedene Aspekte der Cytologie des Glykogenkörpers hin:

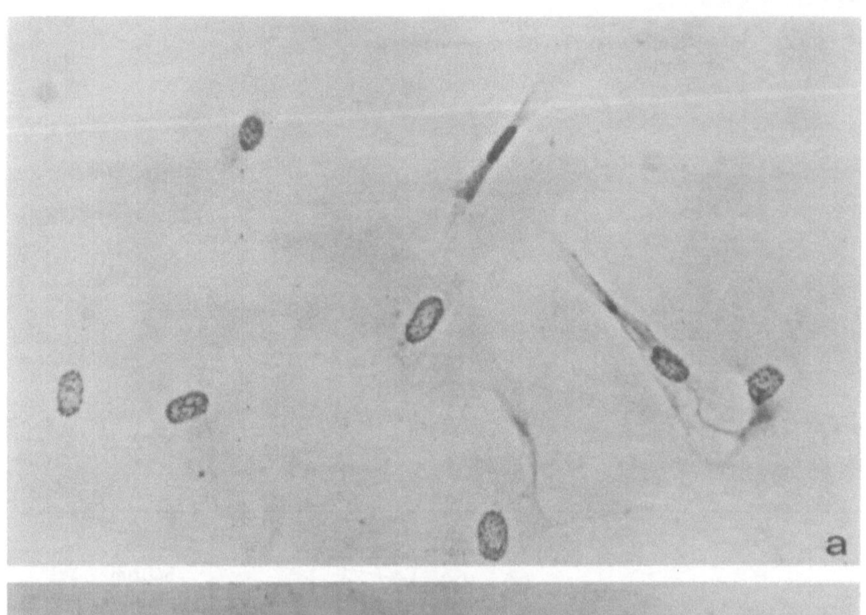

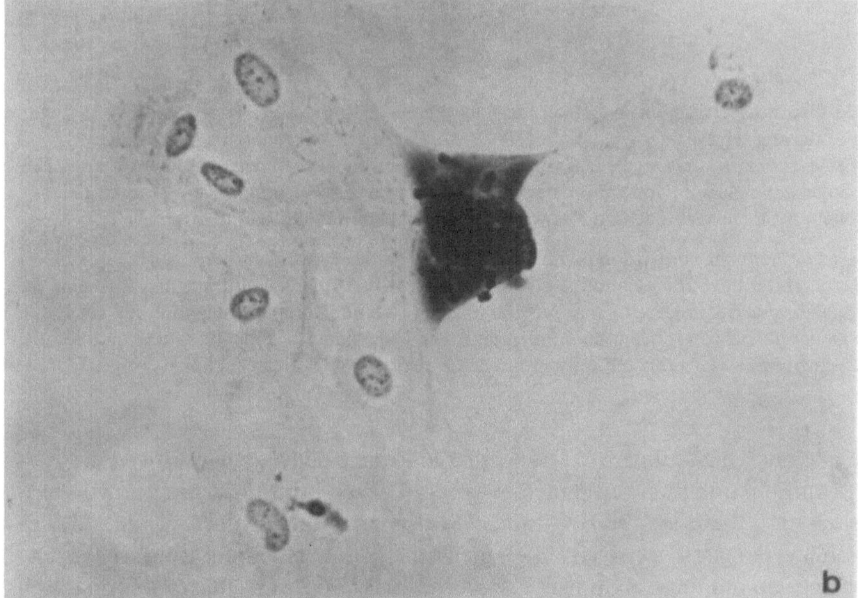

Abb. 24a und b. Glykogenkörperkultur geringer Zelldichte. 16 Tage alte Kultur mit ^{3}H-Thymidin während der ganzen Kulturdauer. Fix. Glutaraldehyd. Autoradiogramm/PAS. (a) Glykogenfreie Zellen mit markierten großen Zellkernen. (b) Glykogenreiche Zellen sind nicht markiert. Vergr. 400 x

Fig. 24a and b. Glycogen body, 18 day chick embryo, culture with low cell density, 16 days in culture, ^{3}H-thymidine during the whole period of culture, **glutaraldehyde, radioautography, PAS,** x 400. (a) glycogen free cells with large labeled nuclei. (b) glycogen rich cells show no labeled nuclei

An Kulturen mit hoher Zelldichte liegen bei einer organotypischen Reaggregation der Zellen (aus verschiedenen Individuen) in mehreren Lagen übereinander Verhält-

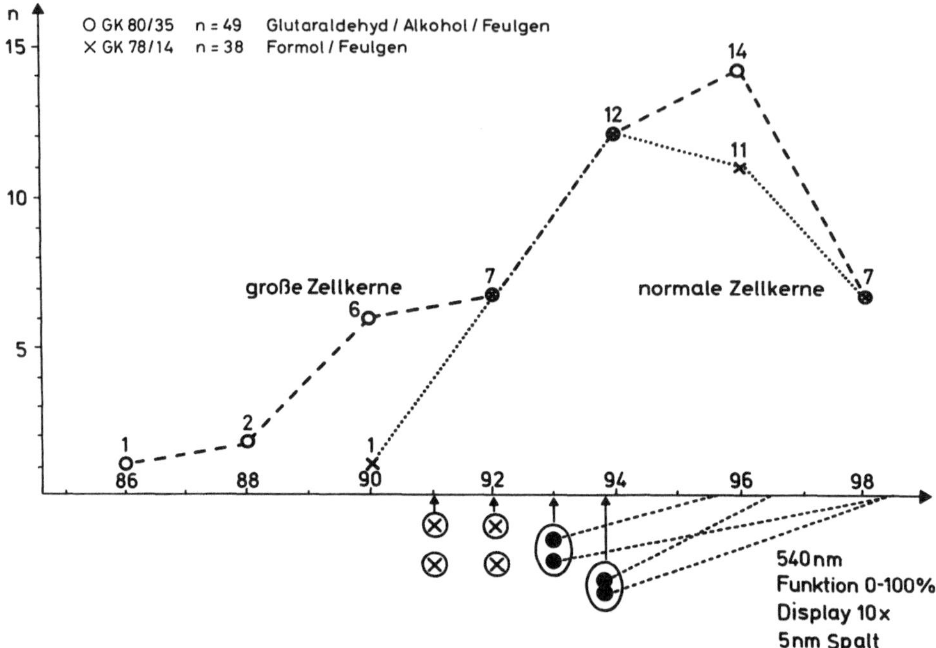

Abb. 25. Absorptionsmessungen an Zellkernen nach Feulgenfärbung. 0 Glykogenkörper, 35 Tage kultiviert, Fixierung Glutaraldehyd/Alkohol X Glykogenkörper, 14 Tage kultiviert, Fixierung Formol. Auf der Abzisse sind Meßwerte von zwei Zellkernen in zwei Zellen ⊗⊗ sowie von zwei Zellkernen in einer Zelle ❾❾ und von einem stark eingeschnürten (amitotischen) Kern eingetragen. Die gestrichelten Linien verbinden zu Meßwerten der Einzelkerne oder Kernhälften

Fig. 25. Measurements of absorption of Feulgen stained nuclei. 0 glycogen body cells, 35 days in culture, fix. glutaraldehyde/alcohol, X glycogen body cells, 14 days in culture, fix. formaldehyde. On the abcissa are indicated measured values from two nuclei in two neighbouring cells ⊗⊗, from two nuclei in one cell (dotted lines indicate values from each nucleus) ❾, and from one (amitotic?) dividing nucleus (dotted lines indicated measured values from each half) ❾

nisse wie in einer Organkultur vor. Die Ausbildung eines Zellverbandes ist mit der Entwicklung von Zellkontakten verbunden, wie sie z.T. auch in situ beschrieben worden sind (Welsch und Wächtler, 1969). Ähnliche Strukturen haben Brunk et al. (1971) bei kontaktinhibierten gliaartigen ('glia-like') menschlichen Zellen in der Kultur beobachtet. Die Kontakte mit der osmophilen Zwischenschicht im Interzellularraum sind in ihrer Bedeutung nicht exakt zu beurteilen, da solche Strukturen durch Fixierung und Kontrastierung beeinflußt werden können (Brighton und Reese, 1969).

Die wesentlichen Befunde an den Kulturen hoher Zelldichte sind: 1) das passive Verhalten der Zellen, 2) der Weiterbestand ihres Glykogendepots. Diese Ergebnisse bestätigen die Stabilität des Glykogens im Glykogenkörper, die übereinstimmend von verschiedenen Autoren mit unterschiedlichen Methoden der Glykogenmobilisierung festgestellt wurde (Buschazzio et al., 1964; De Genaro, 1962; Hazelwood et al., 1962; Houska et al., 1969; Paul, 1972, 1973; Snedecor und Henrikson, 1959; Szepsenwol und Michalski, 1951). Die Anordnung der Zellen in mehreren übereinander gefügten Lagen, ohne daß es zu degenerativen Erscheinungen im Innern des Zellverbandes kam, sowie die schnelle pH-Verschiebung beim Kulturansatz sprechen hier für das Vorliegen eines anaeroben glykolytischen Stoffwechsels. Diese Auffassung wird auch von Friede und Vossler (1964) aufgrund von histochemischen Befunden am Glykogenkörper des Truthahns vertreten.

Die Vorgänge in Kulturen geringer Zelldichte lassen sich nicht mit einem exakten Zeitplan, nach dem Kulturen reproduzierbar angesetzt werden könnten, sondern nur in ihrer tatsächlichen zeitlichen Folge beschreiben. Insgesamt ist der beobachtete Prozeß als eine Dedifferenzierung anzusehen, die mit dem Abbau des zentralen Glykogendepots beginnt. Die Zerklüftung der Oberfläche und der Zerfall des glykogenreichen Cytoplasmafeldes in mehrere kleinere Kompartimente, die durch Exocytose eliminiert werden können, stellt einen besonders auffälligen Weg dieses Abbaus dar. Zweifellos wird durch diese Aufgliederung die Oberfläche der Glykogenablagerung vergrößert, was einen enzymatischen Abbau (zumal keine Zellorganellen innerhalb der Glykogenmassen zu finden sind) begünstigen könnte (siehe unten). Offenbar bedarf eine aus dem Verband gelöste, verzweigte, motile Zelle nicht mehr eines solchen Glykogendepots, dessen besondere Bedeutung manche Autoren (siehe unten) in einer übergeordneten, auf die Bedürfnisse des intakten Zentralnervensystems ausgerichteten Funktion sehen. Der unterschiedliche Ausfall der PAS- bzw. Bleitetraacetat-Schiff-Reaktion in umschriebenen Cytoplasmaregionen einer Glykogenkörperzelle und in verschiedenen Zellen sprechen für einen enzymatischen Glykogenabbau. Einen weiteren Hinweis in dieser Richtung stellt eine Beobachtung dar, die in Kulturen großer Zelldichte auch an oberflächlich gelegenen Zellen gemacht wurde: um die glykogenreichen Cytoplasmabezirke treten Lipidvakuolen auf. Der direkte Nachweis einer Lipidsynthese unter Verwendung von Stoffwechselprodukten aus dem Glykogenabbau (Inkorporation von ^{14}C-Glukose, vgl. De Genaro, 1962), konnte in Kulturen von Glykogenkörperzellen bislang nicht erbracht werden, da dort die Anfangsmarkierungen zu schwach ausfielen. Die Annahme eines enzymatischen Glykogenabbaus ist ferner durch den indirekten Nachweis glykogenolytischer Enzyme im Glykogenkörper (Dezza et al., 1970) gerechtfertigt.

Nach Abbau des Glykogens durch Exocytose und Glykogenolyse liegen die Zellen flächenhaft einzeln oder in Gruppen ausgebreitet vor. Im Cytoplasma finden sich radiäre Verdichtungen, in denen fibrilläre Strukturen auftreten. Diese Cytoplasmaverdichtungen sind die präformierten Stellen für die anschließende Ramifizierung, die nicht durch Aussprossen von Fortsätzen sondern durch Abbau lamellärer Cytoplasmastrukturen zwischen den Verdichtungen zustande kommt. Dadurch gewinnen die Zellen eine Form, die weitgehend dem Erscheinungsbild kultivierter Astrocyten entspricht (Niessing, 1958). Die in den Kulturen und in situ (Welsch und Wächtler, 1969; Paul, 1973) beobachteten Ultrastrukturmerkmale solcher Zellen stimmen mit denen der Astrocyten überein. Der Dedifferenzierungsprozeß in Kulturen mit geringer Zelldichte spricht dafür, daß die Glykogenkörperzellen spezialisierte Gliazellen der astrocytären Reihe sind. Dadurch erfahren frühere Vermutungen, die auf embryologischen (Watterson, 1949, 1951, 1954; Watterson und Spiroff, 1949; Kawiak, 1956; De Genaro, 1959) und Ultrastrukturstudien basieren (Welsch und Wächtler, 1969), eine definitive Bestätigung. In diesem Zusammenhang sei daran erinnert, daß auch die spezialisierten Pituicyten des Hypophysenhinterlappens über Strukturmerkmale und Funktionen verfügen, die für Astrocyten charakteristisch sind (vgl. Bargmann, 1954).

Die Struktur des Glykogendepots in den Glykogenkörperzellen stand bei den Kulturexperimenten nicht im Vordergrund des Interesses. Diese Beobachtungen stellen aber eine Ergänzung zu den in situ beschriebenen Befunden dar. Die unterschiedliche

Dichte der granulären Glykogenformationen in der organellenfreien und im Elektronenmikroskop amorph erscheinenden zentralen Cytoplasmaregion in Kulturen hoher Zelldichte, sowie die unterschiedliche, z.T. negative PAS- bzw. Bleitetraacetat-Schiff-Reaktion in diesen Bezirken in Kulturen geringer Zelldichte, sprechen für eine Glykogenolyse, bei der die Territorien des Glykogens zunächst erhalten bleiben. Dies könnte als Hinweis auf eine Einbettung des Glykogens in eine nicht näher zu charakterisierende Proteinmatrix verstanden werden (vgl. Themann, 1963). Damit könnte auch die schlechte Fixierbarkeit und die flockige Erscheinung der Glykogenformationen zusammenhängen. Auch die auffallend helle Darstellung im Phasenkontrast (in Herzmuskelzellen erscheinen glykogenreiche Bezirke dunkel; s. Gross und Müller, 1971) deutet in Glykogenkörperzellen auf besondere Verhältnisse hin.

Die Versuche, das Verhalten der Glykogenkörperzellen in Kulturen geringer Zelldichte durch Zusatz von dBcAMP zu alterieren, führten zu keinem klaren Ergebnis.

Das Auftreten von großkernigen und zweikernigen Zellen in der Kultur des Glykogenkörpers muß als Reaktion dieser Zellen auf die Kulturbedingungen verstanden werden (vgl. Kageyama, 1960). Für ihre Entstehung sind — bei Fehlen von Mitosen in den stationären Primärkulturen — Endoreduplikation bzw. Amitose anzunehmen. Das Kulturexperiment ergab somit keine Anhaltspunkte für das Vorhandensein mehrkerniger Zellen in situ. Durch Verbesserung der Kulturbedingungen ließen sich solche reaktiven Kernveränderungen ausschalten.

Aus den Ergebnissen von Kulturexperimenten, die mit morphologischer Fragestellung durchgeführt wurden, kann auf die Funktion des Glykogenkörpers in situ nicht geschlossen werden. Im Ausblick auf weitere experimentelle Untersuchungen sind jedoch Gedanken über diese Funktion nicht zu umgehen. Der astrocytäre Charakter der Glykogenkörperzellen und sein ungewöhnlicher Glykogenreichtum legen eine trophische Funktion nahe (vgl. Oksche, 1961). In diesem Sinne ist auch der Vorschlag von Welsch und Wächtler (1969) zur Untersuchung des Glykogenkörpers erschöpfter Zugvögel zu verstehen. Die Versuche von Paul (1972, 1973), dieses lokale Glykogendepot mit Pharmaka zu entspeichern, gingen von den gleichen Vorstellungen aus. Bei der Betrachtung einer trophischen Funktion muß aber berücksichtigt werden, 1) daß dem Glykogenkörper eine direkte Beziehung zu Neuronen fehlt und 2), daß bei der Größe des Glykogenkörpers ein Transport mobilisierter Glukose nur über das gut entwickelte Gefäßsystem (Watterson, 1949) denkbar ist. Ein pathologischer oder reaktiver Zustand (Hager et al., 1967) kann ausgeschlossen werden, da es bereits während der Embryonalentwicklung zur Glykogeneinlagerung in der Anlage des Glykogenkörpers kommt. Ein Vergleich des Glykogenkörpers mit den ebenfalls glykogenreichen embryonalen Plexus chorioidei führt in diesem Zusammenhang zu keiner weiteren Deutung, da das Glykogendepot der letzteren im Zuge der funktionellen Mitochondrienreifung schwindet (Oksche et al., 1969). Da eine effektive Mobilisierung des Glykogendepots bislang nicht gelungen ist, müssen für weitere experimentelle Untersuchungen neben einer möglichen trophischen Bedeutung des Glykogenkörpers auch andere Funktionen in Betracht gezogen werden. Es sei daran erinnert, daß sehr starke Glykogeneinlagerungen auch in den großen wasserhellen Zellen des Epithelkörperchens anzutreffen sind (vgl. Holzmann und Lange, 1963), wo dieser Vorrat im Zusammenhang mit der Zellfunktion zu sehen ist. Damit wird nicht eine endokrine Funktion des Glykogenkörpers postuliert (vgl. Watterson, 1949). Es sollte lediglich auf gewisse Gefahren einer einseitig trophischen Betrachtungsweise hingewiesen werden.

4.5. Zusammenfassung

Glykogenkörper aus dem Lumbalmark 18 Tage alter Hühnerembryonen wurden nach mechanischer Desintegration des Zellverbandes im Plasmaclot als Kultur angelegt und mit Medium 199 kultiviert. Den cytologischen Studien dienten Kulturen hoher und geringer Zelldichte.

In Kulturen hoher Zelldichte lagern sich die Zellen in einem organotypischen Zellverband in mehreren Schichten übereinander. Desmosomen werden wieder ausgebildet. Solche Zellverbände behalten ihren Glykogenvorrat und zeigen keine auffälligen Veränderungen. Die Ultrastruktur dieser kultivierten Glykogenkörperzellen entspricht den in situ-Verhältnissen. Das Glykogen ist in Form von β-Granula in einer von Zellorganellen freien zentralen Zone des Cytoplasmas lokalisiert. Es wird in verschiedenen Zellen in unterschiedlicher Dichte angetroffen. Zwischen Glykogenkörperzellen ist mitunter ein Zellkontakt zu beobachten, der sich durch eine osmiophile Zwischenschicht im Interzellularraum auszeichnet.

In Kulturen geringer Zelldichte kommt es zunächst zu einer Aufgliederung des großen zentralen Glykogendepots. Einzelne desintegrierte Glykogenkompartimente können durch Exocytose ausgeschleußt werden. Daneben ist ein langsamer intrazellulärer Abbau des Glykogens anzunehmen. Eine Transformation dieses Reservestoffes in Fett erscheint möglich. Nach Verringerung oder vollständigem Abbau des Glykogendepots liegen die Zellen in flächenhaft ausgebreiteter Form vor. Diese Zellen sind durch Übergangsformen mit reich ramifizierten Zellen verbunden, die im Elektronenmikroskop charakteristische Gliafilamente erkennen lassen. Auf Grund dieser Strukturbesonderheiten lassen sich die Glykogenkörperzellen eindeutig in die Formenreihe der Astroglia einordnen. Durch Zusatz von dBcAMP konnte der Prozeß der Ramifizierung nicht deutlich beeinflußt werden.

In der Kultur wurden durch Endoreduplikation bzw. Amitose (Feulgenphotometrie, ^{3}H-Thymidinmarkierung) entstandene großkernige und mehrkernige Zellen beobachtet. Mitosen wurden nicht festgestellt.

5. Das Pinealorgan (Passer domesticus)

5.1. Fragestellung

Das Pinealorgan (Epiphysis cerebri) der Vögel nimmt phylogenetisch eine Zwischenstellung zwischen den direkt lichtempfindlichen, sensorischen Pinealkomplexen der niederen Vertebraten und den indirekt, über den Sympathicus, lichtabhängigen sekretorischen Epiphysen der Säugetiere ein. Neben rudimentären sensorischen Elementen werden in der Vogelepiphyse sekretorische Pinealzellen und cholinerge Neurone angetroffen (Bargmann, 1943; Bischoff, 1967, 1969; Collin, 1966a, b, 1967a, b, c, 1968, 1969, 1971; Krabbe, 1955; Menaker und Oksche, 1974; Oksche, 1965, 1968, 1971; Oksche und Vaupel-von Harnack, 1965, 1966; Oksche, Morita und Vaupel-von Harnack, 1969; Oksche und Kirschstein, 1969; Oksche, Ueck und Rüdeberg, 1971; Oksche Kirschstein, Kobayashi und Farner, 1972; Renzoni, et al., 1968; Ueck, 1969, 1970, 1972, 1973; Ueck und Kobayashi, 1972; Wurtman, Axelrod und Kelly, 1968). Diese

Zwischenstellung der Vogelepiphyse gibt Anlaß zu Fragen nach der Homologisierbarkeit ihrer Zellelemente in der Vertebratenreihe. Solche Fragen sind eng mit funktionellen Überlegungen verknüpft.

Obwohl das Pinealorgan der Vögel typische Lichtsinneszellen nicht mehr aufweist, zeigt es beim Huhn lichtabhängige Reaktionen, die unabhängig von der sympathischen Innervation (Ganglion cervicale superius) und den Lateralaugen sind (Lauber, Boyd und Axelrod, 1968), z.B. eine direkt lichtabhängige Aktivitätsänderung der Hydroxyindol-O-methyltransferase (Hjomt) (Huhn: Lauber, Boyd und Axelrod, 1968; Axelrod, Wurtman und Winget, 1964; Ente: Rosner, de Perez Bedes und Cardinali, 1971). Dieses Enzym spielt eine wesentliche Rolle im Serotonin-Melatonin-Stoffwechsel der Epiphyse; es verhält sich beim Huhn anders als bei der Ratte. Beim Huhn steigt die Enzymaktivität bei Belichtung, während bei der Ratte die höchsten Hjomt-Aktivitäten im Dunkeln festgestellt wurden (Wurtman, Axelrod und Phillips, 1963; Axelrod, Snyder, Heller und Moore, 1966; Wurtman, Axelrod, Chu, Heller und Moore, 1967). Weiterhin ist sowohl in der Epiphyse des Huhnes als auch der Ratte die Aktivität der Serotonin-N-Acetyltransferase hoch in der Nacht und niedrig am Tage. Eine nächtliche Belichtung setzt die Aktivität dieses für die Melatoninbildung sehr wichtigen Enzyms in beiden Tiergruppen herab. Anders als bei der Ratte funktioniert beim Huhn diese Reaktion auch noch im geblendeten Zustand (Klein und Binkley, 1974).

Elektrophysiologisch konnte bislang keine direkte lichtabhängige Reaktion der Vogelepiphyse festgestellt werden (Taube: Morita, 1966; Wachtel und Sperling: Ralph und Dawson, 1968), so daß die Frage nach der funktionellen Bedeutung der bei den einzelnen Spezies in unterschiedlichem Maße vorhandenen Neurone (Ueck und Kobayashi, 1972), deren Axone sich bis zur Commissura habenularum verfolgen lassen (Ueck, 1970), noch nicht geklärt ist.

Zur Bedeutung des Pinealorgans der Vögel bei der Kontrolle der Gonadenentwicklung und des Fortpflanzungsgeschehens sei auf die kritischen Bemerkungen von Menaker und Oksche (1974, dort weitere Literatur) verwiesen. Zu diesen langfristigen (auch jahreszeitlichen) Wirkungen sind aus einem in vitro-Experiment keine weiteren Einsichten zu erwarten.

Für einige Vogelarten ist die Beteiligung des Pinealorgans an der Kontrolle circadianer rhythmischer Erscheinungen (z.B. Motorik) sicher festgestellt worden (Binkley, 1970; Binkley, Kluth und Menaker, 1971, 1972; Gaston, 1970, 1971; Gaston und Menaker, 1968; Harrison und Becker, 1969; McMillan, 1972; Menaker, 1968a, b). Diese Befunde waren ein Ausgangspunkt der eigenen Untersuchungen; sie sollen wegen ihrer Bedeutung für den experimentellen Ansatz kurz referiert werden. Geblendete Haussperlinge (*Passer domesticus*) zeigen eine lokomotorische Aktivitätsrhythmik, die von verschiedenen Faktoren abhängt. Übergeordnet und für sich allein (nach Pinealektomie) wirksam sind Lichtreize, die selbst bei sehr geringer Intensität von einem nicht näher bekannten „tiefen Receptor" des Zwischenhirns perzipiert werden. Beim Fehlen solcher Lichtreize wurde eine Eigenrhythmik beobachtet, die individuell in verschiedenem Ausmaß vom 24 Stunden-Rhythmus abweicht. Pinealektomierte Sperlinge sind bei konstanter Dunkelheit arhythmisch daueraktiv (Binkley, 1970; Binkley, Kluth und Menaker, 1972; Gaston, 1970, 1971; Gaston und Menaker, 1968; Menaker, 1968a, b). Für die Körpertemperatur konnten Binkley, Kluth und Menaker (1971) die gleiche Beziehung feststellen. McMillan (1972) konnte bei *Zonotrichia albicollis* die Befunde zur lokomotorischen rhythmischen Aktivität bestätigen. Harrison und Becker (1969) fanden beim Huhn in gleicher Richtung deutbare Lichtabhängigkeiten der Legetätigkeit.

Aus diesen Experimenten geht die Rolle des Pinealorgans von *Passer domesticus* für die circadiane Aktivitätsrhythmik (Parameter: Lokomotion und Temperatur) deutlich hervor. Offen bleibt nach den Extirpationsversuchen die Frage, ob der Einfluß auf die Rhythmik als eine Leistung des Pinealorgans selbst anzusehen ist, oder ob es nur als Interface zwischen dem eigentlichen Oscillator und dem immer noch unbekannten Erfolgssystem eingeschaltet ist. Diese Frage hat zunächst nichts mit der direkten Photosensitivität der Vogelepiphyse, die mit sekretorischen Leistungen beantwortet wird (Lauber, Boyd und Axelrod, 1968; Rosner et al., 1971) zu tun.

An den oben dargestellten Fragenkomplex knüpfen die eigenen in vitro-Untersuchungen am Pinealorgan von *Passer domesticus* an[7]. In der Gewebekultur ist es seiner humoralen und nervösen Steuerung beraubt.

In vitro-Experimente sind an Säugetier-Epiphysen mit sehr verschiedenen Techniken und Fragestellungen durchgeführt worden (Kasahara und Nagai, 1933; Chlopina, 1941; Milkovic-Zulj, 1953; Moskowska, 1958, 1959; Quay und Kahn, 1963; Hungerford und Pomerat, 1965; Shein et al., 1967; Klein und Berg, 1969; Arstila, 1971). Alle diese Versuche haben die gute Erhaltung dieses Organs in der Kultur bestätigt. Die Ergebnisse der oben zitierten Autoren lassen sich wegen des unterschiedlichen Feinbaus der Säuger- und Vogelepiphyse nicht ohne weiteres auf die Verhältnisse bei Vögeln übertragen. In der Gewebekultur wurde bislang die Entwicklung des Pinealorgans des Huhns mit lichtmikroskopischen Techniken studiert (Vidmar, 1953), außerdem die lichtabhängige, ihrer nervösen und humoralen Steuerung beraubte, Hjomt-Aktivität geprüft, wobei Angaben zur Feinstruktur nur beiläufig gemacht wurden (Rosner et al., 1971). So standen in den eigenen Studien die Fragen der Degeneration und Strukturerhaltung, sowie der Leistungen im Serotonin-Melatonin-Stoffwechsel im Vordergrund. Daneben wurden Versuche durchgeführt, die eine kontinuierliche mikrospektralphotometrische Analyse und eine zeitlich gestaffelte Probenentnahme von einem Organ erlaubten. Eine anatomische Grundlage lieferten die Untersuchungen am Pinealorgan von *Passer domesticus* von Oksche und Kirschstein (1969), Ueck (1973, 1970) sowie Ueck und Kobayashi (1972).

5.2. Material und Methoden

Adulte Sperlinge (*Passer domesticus* (L.)) und ausgewachsene Jungtiere wurden durch Kompression des Thorax getötet. Nach Rupfen des Kopf- und Nackengefieders wurde der Oberschnabel mit einer Arterienklemme festgehalten. Durch Befestigung der Arterienklemme auf einem Holzblock wurde der Kopf in einer geeigneten Position unter dem Stereomikroskop gehalten; beide Hände blieben frei für die sterile Entnahme der Epiphyse. Nach Abtupfen mit Alkohol wurde die Haut median eingeschnitten und weit zur Seite heruntergezogen. Im Bereich des Pinealorgans wurde der Knochen mit einer spitzen Schere durchtrennt und abgehoben. Bei adulten Sperlingen (Pneumatisation des Schädels abgeschlossen, vgl. Ralph und Lane (1969)) wurde das an den Meningen haftende Pinealorgan mit der Schädelkalotte entfernt, während es bei jungen Sperlingen gelang, den Knochen von der Dura zu lösen und die Epiphyse unter ständiger Beobachtung zu entnehmen.

---

[7] Erste Ergebnisse wurden auf der Versammlung der Anatomischen Gesellschaft in Köln (1972) mitgeteilt (Möller, 1973). Die weiteren Untersuchungen werden mit dankenswerter Unterstützung durch die Deutsche Forschungsgemeinschaft, Schwerpunktprogramm „Biologie der Zeitmessung", durchgeführt

Nach Befreiung von den Meningen wurden die Pinealorgane in Kulturgefäße mit Medium 199 übertragen.

Für methodische Entwicklungen wurden Pinealorgane 18 Tage alter Hühnerembryonen, die von anderen Kulturexperimenten zur Verfügung standen, benutzt.

Medium 199 (Morgan et al., 1950) wurde ohne Phenolrot und Komplettierung mit Seren verwendet. Das Medium wurde in der Regel einmal wöchentlich gewechselt, in Versuchen mit einem großen Mediumüberschuß jedoch bis zu einem Monat nicht erneuert.

Als Zusätze zum Medium wurden in einigen Versuchsserien DL-Tryptophan und L-5 Hydroxytryptophan in Konzentrationen von 10^{-3} M bei verschiedenen Inkubationszeiten verwendet. Medien mit Zusätzen wurden mit Druck sterilfiltriert.

Als Kulturgefäße wurden 250 ml Vierkantflaschen, Leighton-Röhrchen und 25 ml Erlenmeyerkolben verwendet. Die Kultur erfolgte anfangs mit begrenzter Luftmenge. Später wurde eine Begasungs- und Perfusionseinrichtung (Eigenkonstruktion) verwendet, die eine Modifikation der Apparatur von New (1967) darstellt. Das Gasgemisch (Carbogen) bestand aus 95 % Sauerstoff und 5 % Kohlendioxyd.

Die fluoreszenzmikroskopischen Untersuchungen wurden nach Gefriertrocknung (-35°C über Phosphorpentoxyd 10^{-3} Torr für eine Woche) und Bedampfung mit Paraformaldehyd (80°C 3 Stunden) (Falck und Owmann, 1965), anschließender Durchtränkung mit Paraffinum liquidum im Vakuum und Überführung in Paraffin 60° (Möller, 1975) am Schnitt ($10\ \mu$m) mit der Filterkombination UGl, BG12/KV 530 durchgeführt. Für diese Untersuchungen wurde ein Photomikroskop (Leitz Ortholux/Orthomat) mit Quecksilberdampflampe verwendet. Aus diesen Schnittserien wurden einzelne Schnitte mit Hämatoxylin-Eosin gefärbt, zuweilen als Kontrollen erst nach der fluoreszenzmikroskopischen Analyse.

In einer größeren Versuchsserie wurden Pinealorgane mit Zusätzen von Tryptophan und 5-Hydroxytryptophan zum Medium für eine Woche kultiviert, gewogen und nach Gefriertrocknung (siehe oben) in Ampullen bei -25°C gelagert. Das Material wurde aus verschiedenen Kulturansätzen gepoolt, um eine ausreichende Menge für fluorometrische Bestimmungen des Serotoningehalts zu erhalten (Giacolone und Valcelli, 1969; Maikel et al., 1968; Peuler und Passon, 1973). Diese Bestimmungen wurden von Dr. Bürki in den Laboratorien der Wander AG in Bern durchgeführt. Dabei wurde in Kontrolluntersuchungen eine Verfälschung der Ergebnisse durch 5-Hydroxytryptophan ausgeschlossen.

Zur Darstellung von Nervenzellen wurde die Acetylcholinesterase-Reaktion nach Karnovsky (1964) am ganzen kultivierten Organ nach Fixierung in 2 % Glutaraldehyd durchgeführt. Unspezifische Esterasen wurden durch iso-OMPA gehemmt. Anfangs wurde eine Kontrolle durch Inkubation ohne Substrat vorgenommen. Die Einbettung erfolgte über die Alkoholreihe, Methylbenzoat, Zedernholzöl, Paraffinum liquidum (Möller, 1975) in Paraffin 60°. Während der Einbettungsprozedur konnten die Organe in Methylbenzoat und Zedernholzöl als aufgehellte Totalpräparate mikroskopiert und photographiert werden.

Für elektronenmikroskopische Untersuchungen wurden die kultivierten Pinealorgane in 2 % Glutaraldehyd in 0,2 M Cacodylatpuffer pH 7,4 mit 6,9 % Saccharose für 1 Stunde fixiert und dreimal über Nacht in Saccharose-Puffer gespült. Auf eine Nachfixierung in 1 % Osmiumtetroxyd in 0,1 M Cacodylat-Puffer und dreimaliges Spülen in Saccharose-Puffer folgte nach Dehydrieren in der aufsteigenden Alkoholreihe über Epoxypropan die Einbettung in Epon. Die Eponmischung enthielt Epon 812, MNA und DDSA in einem Verhältnis von 45 : 35 : 25 (mit 2 % Härter, entsprechend einem Verhältnis A : B von ungefähr 4 : 6; vgl. Luft, 1961). Dünnschnitte (Ultramikrotom Reichert OmU2) wurden mit Uranylacetat-Bleicitrat (Reynolds, 1963) kontrastiert und bei einer Strahlspannung von 80 kV mit einem Elektronenmikroskop Siemens 101 untersucht. Semidünnschnitte wurden mit Thionin-Methylenblau gefärbt (Rüdeberg, 1967).

Verschiedene Versuche wurden zur Gewinnung von kultivierungsfähigen Schnitten des Pinealorgans unternommen. Als bestes Verfahren hat sich bislang das Schneiden mit einem Vibratom (Oxford) erwiesen, das für das Arbeiten unter sterilen Bedingungen umgebaut wurde (Eigenkonstruktion). Als Kleber verwendeten wir Histoacryl blau (Braun Melsungen). Schnitte von 50 oder 100 μm wurden in das Medium 199 mit Testthrombin (4 NIH Einheiten/ml) aufgenommen und auf Deckgläsern 10 x 20 mm oder Quarzdeckgläsern 32 x 32 mm mit einer Fibrinogenlösung (Humanfibrinogen Behring ca. 1,5 mg/ml) angelegt (Parker und Hawn, 1947). Die Kulturen wurden entweder in Leighton tubes oder in einer Kulturkammer (Eigenkonstruktion) in Verbindung mit der Begasungs- und Perfusionseinrichtung angesetzt.

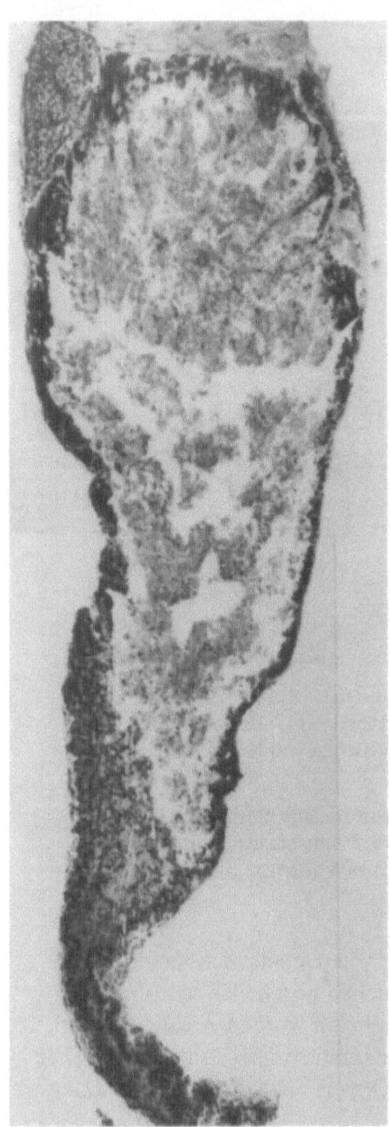

Abb. 26. Pinealorgan von *Passer domesticus*, 6 Tage kultiviert. Gefriertrocknung, Sagittalschnitt, Hämatoxylin–Eosin. Das Epiphysenparenchym ist nur in einer Randzone erhalten. Im Epiphysenstiel ist der Erhaltungszustand besser. Vergr. 24x

Fig. 26. Pineal organ, house sparrow, 6 days in organ culture, freeze dried, paraformaldehyde, H.-E., large central area degenerated, intact cells at the border of the organ and at the pineal stalk, x 24

5.3. Befunde

Bei Kultivierung des Pinealorgans von *Passer domesticus* im Medium 199 mit begrenzter Luftmenge trat eine zentrale Degeneration auf (Abb. 26). Erhalten blieb eine schmale Randzone, in der der follikuläre Bau der Epiphyse zu erkennen war (Abb. 27). Das Ausmaß der Degeneration war individuell verschieden, jedoch konnte eine Abhängigkeit von der Kulturdauer (Langzeitkulturen, kontrolliert bis zu 18 Tage) nicht festgestellt werden (vgl. auch Abb. 33). Bei dieser Kulturtechnik war der Epiphysenstiel am besten erhalten.

Lichtmikroskopische Studien dienten im wesentlichen einer Kontrolle des für die Fluoreszenzmikroskopie vorbereiteten Materials. An diesem gefriergetrockneten Ma-

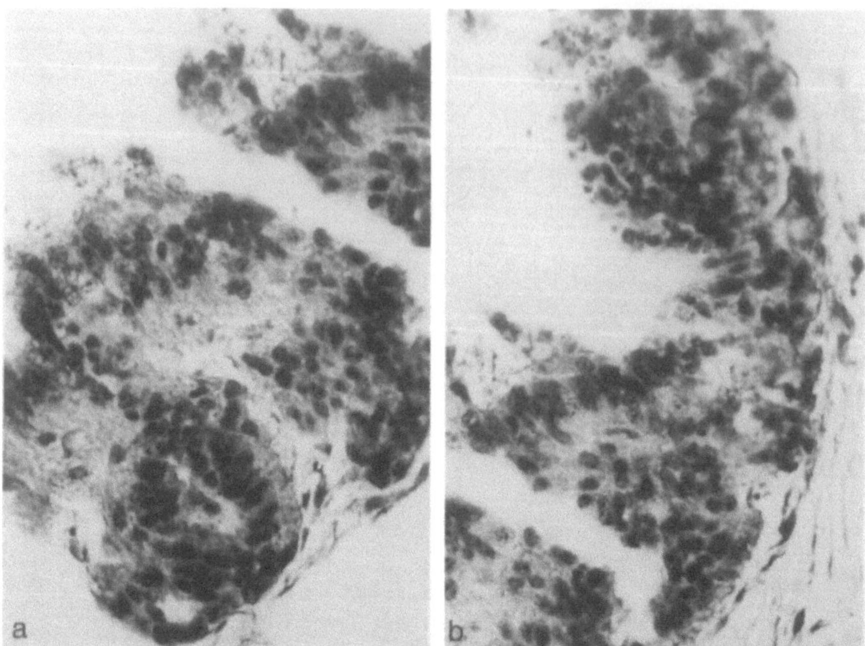

Abb. 27a und b. Pinealorgan von *Passer domesticus*, 8 Tage kultiviert. Zusatz von 5-HTP für 4 St., Gefriertrocknung, Bedampfung mit Paraformaldehyd, Hämatoxylin-Eosin, Randzonen mit follikulären Strukturen. Zellen mit dunklen heterochromatischen und hellen euchromatischen Kernen, Bindegewebskapsel. **Vergr. 275 x**

Fig. 27a and b. Pineal organ, house sparrow, 8 days in organ culture, addition of 5 HTP for 4 h to the culture medium, Falck-Hillarp-technique, H.-E., x 275. Follicular structure of parenchyma, cells with heterochromatic and euchromatic nuclei, capsule of connective tissue

terial waren bei der Übersichtsfärbung feinere cytologische Details nicht zu erkennen, allerdings ließen sich Zellen mit dunklen, chromatinreichen und hellen, chromatinarmen Kernen unterscheiden (Abb. 27). In Semidünnschnitten wurden Areale mit stark tingierten Zellkernen angetroffen, die sich im Elektronenmikroskop als degenerierende Zellbereiche erwiesen. Die bindegewebige Kapsel des Organs blieb erhalten und drang mit ihren Ausläufern zwischen die Follikel ein.

Die Feinstruktur der Epiphysenzellen entsprach im Hinblick auf die Zellorganellen den in situ beobachteten Verhältnissen (Abb. 28. 29, 30, 31). Eine weitere Typisierung der Zellen war infolge der Degenerationserscheinungen, die nicht nur um das zentrale Lumen der sackartigen Epihyse, sondern auch zwischen den erhalten gebliebenen Zellen in den Randpartien beobachtet wurden, erschwert (Abb. 29). In solchen Präparaten war die bevorzugte Ausrichtung der Zellen senkrecht zum Lumen hin nicht mehr so ausgeprägt. Aus diesem Grunde wurden nicht immer kernhaltige Zellausschnitte gewonnen, die eine Unterscheidung von Pinealocyten und Stützzellen erlaubt hätten. Die

---

Abb. 28. Pinealorgan von *Passer domesticus*, 18 Tage kultiviert. Stützzelle mit einem stark heterochromatischen, gelappten Zellkern und Zentriol, granuläres endoplasmatisches Retikulum, freie Ribosomen, Mikrofibrillen. An der Grenze zu einer degenerierenden Zelle hat die Stützzelle Kontakt

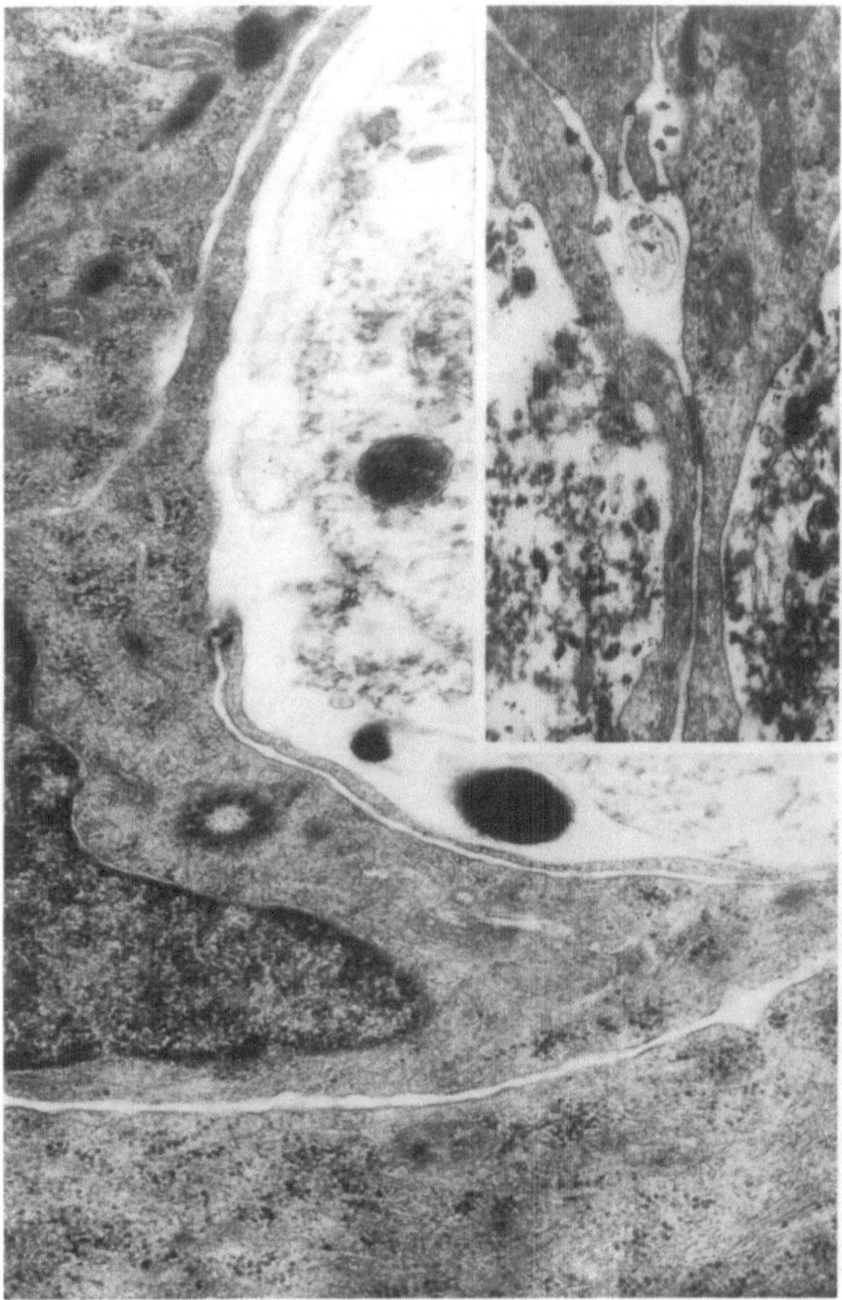

mit einem freien Zellausläufer. *Einsatz*: Dünne, mikrofilbrillenreiche Zellausläufer zwischen degenerierenden Zellen. An einer umschriebenen Stelle des Interzellularspalts findet sich zwischen den Zellausläufern osmiophiles Material. Vergr. 40 000 x

Fig. 28. Pineal organ, house sparrow, 18 days in organ culture, suppurting cell with heterochromatic lobulated nucleus, centriole, granular endoplasmic reticulum free ribosomes and microfibrils. *Inset*: thin cell processes with microfibrils between degenerated cell masses. Cell contacts with intercellular osmophilic material, x 40 000

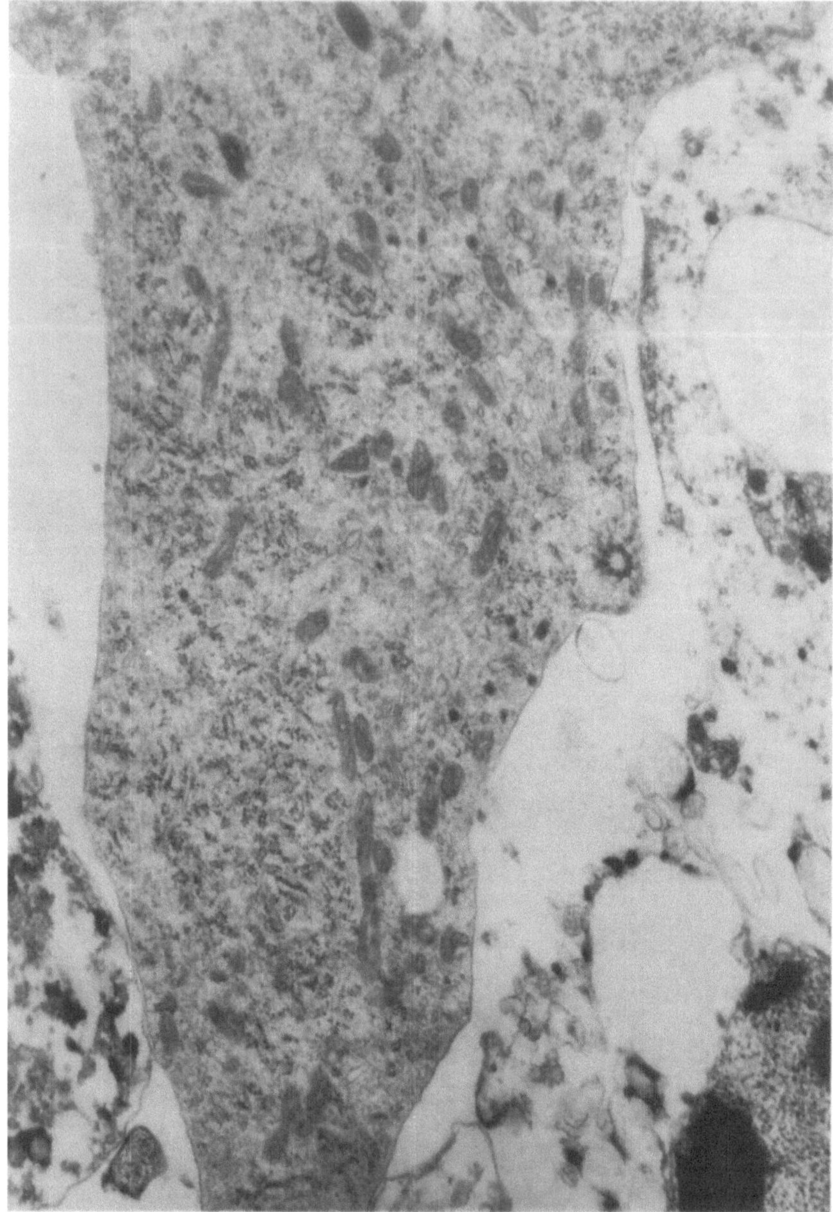

Abb. 29. Pinealorgan von *Passer domesticus*, 18 Tage kultiviert. Zentriolenhaltige Zelle zwischen degenierten Zellen. Mitochondrien, Golgi-Apparat, granuläres endoplasmatisches Retikulum. Vergr. 20 000 x

Fig. 29. Pineal organ, house sparrow, 18 days in organ culture, cell profile with centriole, mitochondria, Golgi apparatus and granular endoplasmic reticulum. Intact cell between degenerated cells, x 20 000

apikalen, in das Lumen vorragenden rudimentär-sensorischen Strukturen der Pinealocyten waren in unserem Material zwischen den Massen des lamellären, degenerierten Materials nicht mehr zu identifizieren. Zilien kamen selten vor. Im Bereich des Zell-

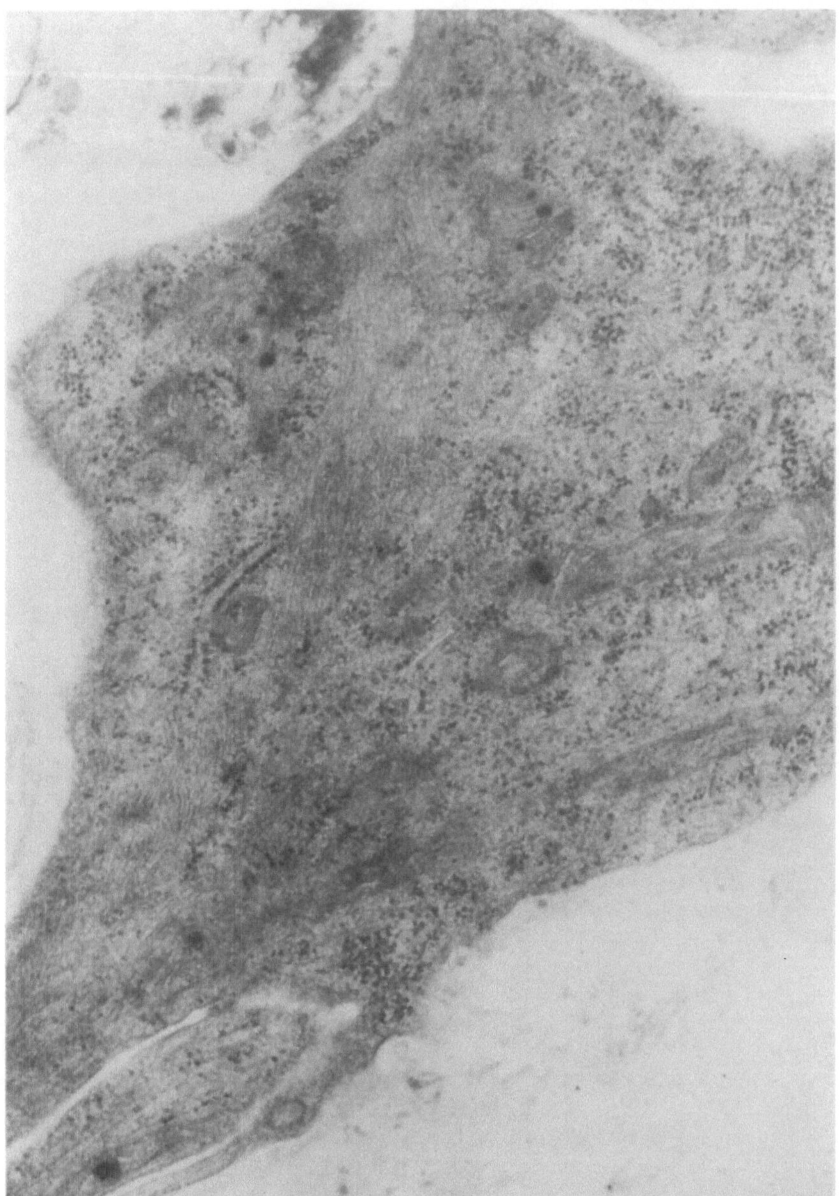

Abb. 30. Pinealorgan von *Passer domesticus*, 18 Tage kultiviert. Zelle an der Basis eines Follikels. Basalmembran. Mitochondrien, granuläres endoplasmatisches Retikulum, freie Ribosomen, Mikrofilamente. In der Nähe des Lumens degeneriertes Zellmaterial. Vergr. 40 000 x

Fig. 30. Pineal organ, house sparrow, 18 days in organ culture, cell at the base of follicle, basement membrane, granular endoplasmic reticulum, free ribosomes, microfilaments, mitochondria. Control to experiment in Fig. 31, x 40 000

körpers konnte in Anschnitten in Höhe des Basalkörperchens nicht sicher erkannt werden, ob diese Zilien zum 9 + 0 Typen der sensorischen Zellreihe gehören (Abb. 28, 29). Somit ließen sich in kultivierten Pinealorganen von *Passer demesticus* zahlreiche Schnittprofile nicht eindeutig zuordnen. Manche Zellanschnitte wurden aufgrund der

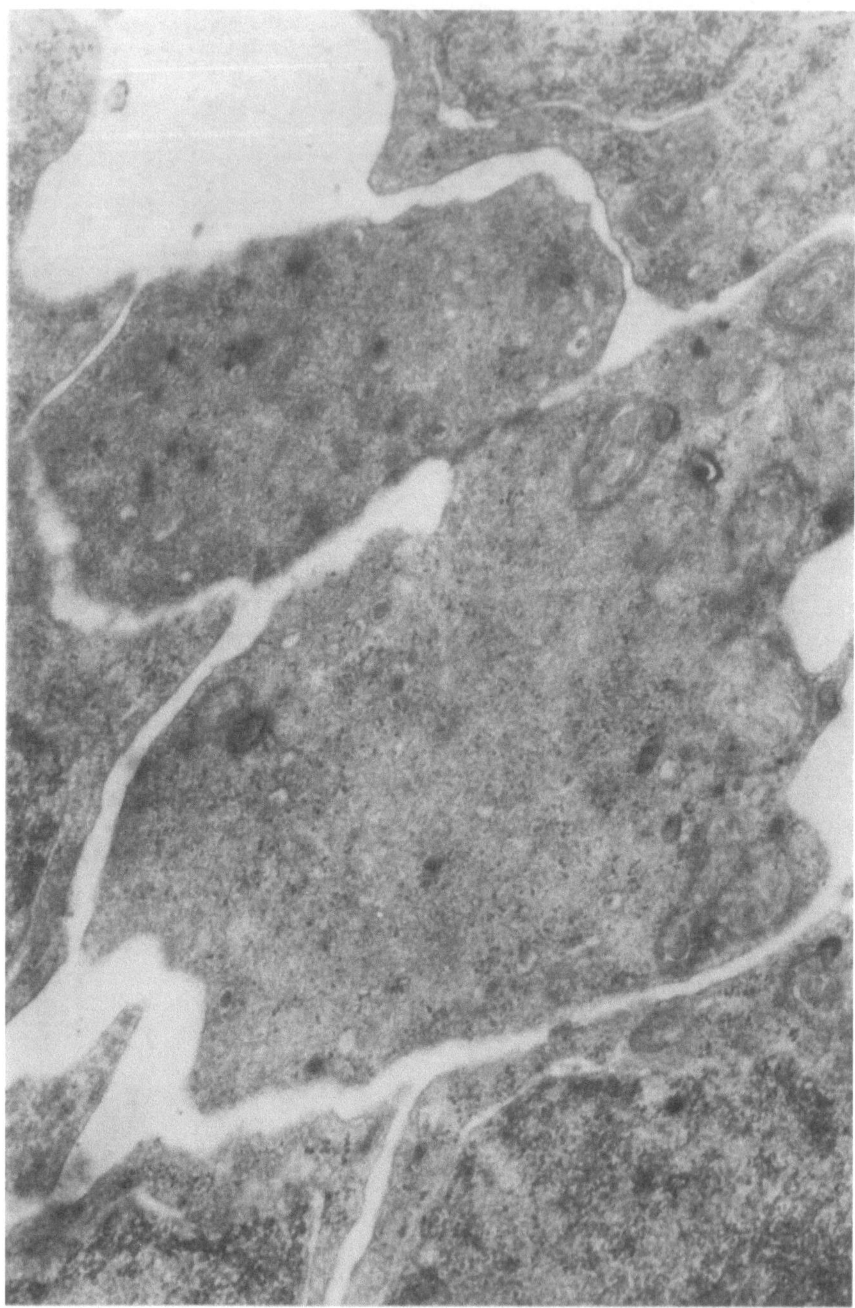

Abb. 31. Pinealorgan von *Passer domesticus,* 18 Tage kultiviert. Für 4 Std 5-HTP Vergrößerung 40 000 x. Zellanschnitte mit 1 200 Å großen Granula, die einen elektronendichten Kern haben, Mitochondrien und Mikrofilamente. Oben rechts − an seinem Zellkern erkennbar − Pinealocyt. Erweiterter Interzellularraum

Fig. 31. Pineal organ, house sparrow, 18 days in organ culture, addition of 5 HTP to the culture medium for 4 h. Cell profiles with 1 200 Å dense core granules. Upper right pineallocyte identified by structure of nucleus; wide intercellular space, x 40 000

Kernstruktur als Stützzelle (Abb. 28 mit Zilie) oder als Pinealocyten (Abb. 31) identifiziert.

In den Zellanschnitten waren Mitochondrien, granuläres und agranuläres endoplasmatisches Retikulum, freie Ribosomen, Golgi-Apparat und Mikrofilamente zu erkennen. Lipideinschlüsse kamen nur sehr selten vor. Infolge der Degeneration einzelner Zellen in den sonst erhalten gebliebenen Randzonen wurden im basalen Zellbereich komplizierte Oberflächenstrukturen deutlich.

Die Strukturen, die mit sensorischen und sekretorischen Leistungen in Verbindung gebracht werden, traten in verschiedenen Versuchsserien in unterschiedlicher Häufigkeit auf. Vesikel mit einem Durchmesser von 300 Å ließen sich in den Pinealocyten kultivierter Sperlingsepiphysen nicht mehr nachweisen. Granula mit elektronendichtem Kern und einem Durchmesser von etwa 1 200 Å wurden in Normalkulturen mit Medium 199 ohne Zusätze und nach Zusatz von Tryptophan nur vereinzelt angetroffen (Abb. 28, 29), während sie in Kulturen mit Zusatz von 5-Hydroxytryptophan in zahlreichen Zellanschnitten vorkamen (Abb. 31) (vgl. fluoreszenzmikroskopische Befunde).

Synaptische Bänder fanden sich gelegentlich im basalen Zellabschnitt; in ihrer Nachbarschaft wurden allerdings keine Vesikel beobachtet. Eine besondere Form zellulärer Kontakte war dadurch charakterisiert, daß in umschriebenen Partien des Interzellularraums eine elektronendichte Substanz eingelagert war (Abb. 28 Einsatz). Solche Kontakte hatten Arstila et al., (1971) zwischen Pinealocytenausläufern und Nervenfortsätzen beobachtet.

Durch Anwendung der Acetalcholinesterase-Reaktion in verschiedenen Versuchsserien mit unterschiedlicher Kulturdauer (7–21 Tage) wurden Nervenzellen elektiv hervorgehoben. Es fanden sich keine Hinweise auf eine Verringerung ihrer Zahl nach längerer Kulturdauer. Im Totalpräparat (Aufhellung in Methylbenzoat und Zedernholzöl) fanden sich diese cholinergen Neurone bevorzugt auf der occipitalen Seite des Epiphysenstiels und in der Übergangszone vom Stiel zum Corpus. In der rostralen und parietalen Wand des Epiphysenkörpers wurden hingegen keine Neurone dargestellt (Abb. 32). Von diesen Zellen waren nur die Perikaryen zu erkennen. Die Größe des Epiphysen-Totalpräparates erlaubte keine Untersuchung der feineren Strukturdetails. Nach Einbettung in Paraffin und Anfertigung von Schnittpräparaten waren allerdings weitere Einzelheiten zu erkennen. Die Axone, die zumindest an ihrem Ursprung dargestellt waren, bildeten in der occipitalen Wand des Epiphysenstiels eine bahnartige Formation, die in Abb. 32b besonders gut zu erkennen ist; diese Abbildung gibt einen Schnitt des Präparates in Abb. 32a wieder. Vereinzelte Neuronen lagen auch tiefer im Parenchym und erreichten mitunter zwischen den Pinealocyten eine lumennahe Zone. Dendritische Strukturen konnten mit der Acetylcholinesterase-Methode nicht dargestellt werden.

In unseren elektronenmikroskopisch untersuchten Epiphysenkulturen ließen sich die zuvor beschriebenen Nervenzellen nicht weiter sichern. Angesichts der positiven lichtmikroskopischen Befunde ist dieses negative, wohl auf Orientierungsschwierigkeiten beruhende Ergebnis jedoch ohne Belang.

Zur Verfolgung der sekretorischen Leistungen der Epiphysenkulturen von *Passer domesticus* wurden fluoreszenzmikroskopische Untersuchungen nach Gaben von Tryptophan und 5-Hydroxytryptophan zum Kulturmedium durchgeführt und mit den Befunden der Normalkulturen verglichen. Bei Zusatz von L-5-Hydroxytryptophan erzielten wir nach 4, 24 und 48 Stunden Inkubationszeit eine intensive Gelb-

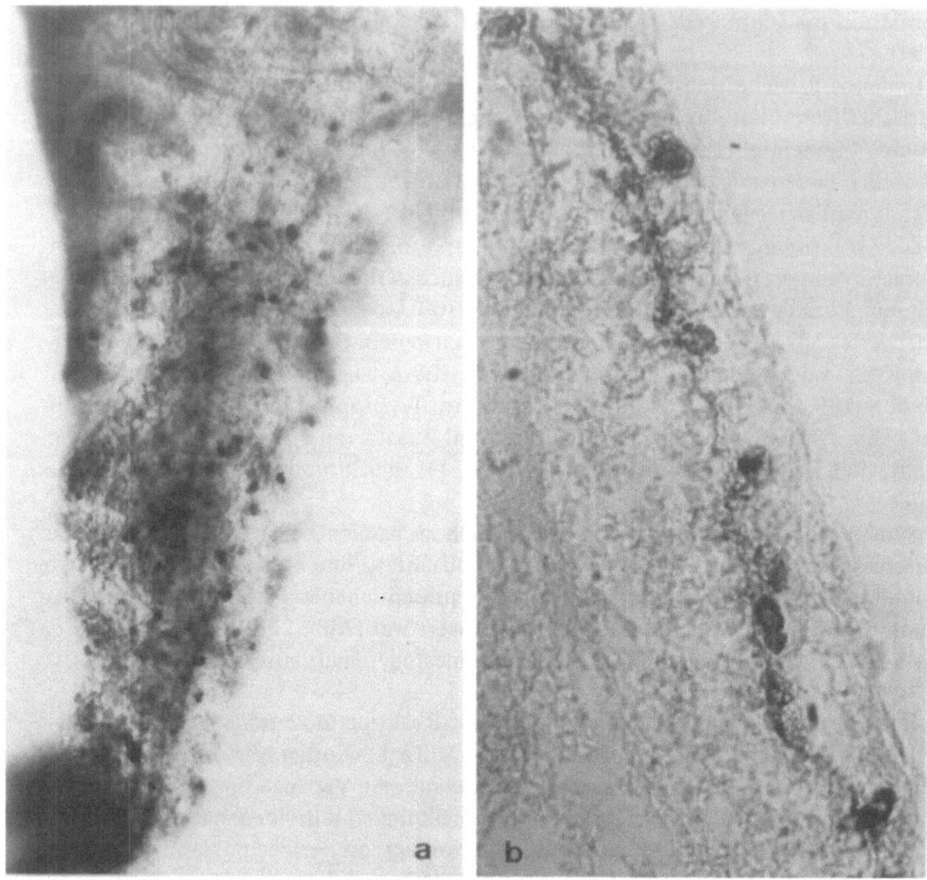

Abb. 32a and b. Pinealorgan von *Passer domesticus,* 7 Tage kultiviert. Acetylcholinesterase-Nachweis. (a) Totalpräparat, aufgehellt in Zedernöl, Ansicht auf die occipitale Fläche des Epiphysenstiels mit Übergang zum Corpus. Perikaryen der Neurone sind dunkel dargestellt. Vergr. 100 x. (b) Schnitt durch dasselbe Organ in der Sagittalebene. Man erkennt Neurone und tractusartige Axonbündel. Vergr. 400 x

Fig. 32a and b. Pineal organ, house sparrow, 7 days in organ culture, acetylcholine esterase reaction. (a) total preparation cleared with cedar oil, view at the dorsal face of the pineal stalk, perikarya of neurons are deeply stained, x 100. (b) section through the same specimen in a midsaggital plane. Note neurons and tract-like axon formation, x 400

Abb. 33a–c. Pinealorgan von *Passer domesticus* in der Organkultur. Fluoreszenzmikroskopie, Falck-Hillarp-Technik. (a) 17 Tage kultiviert, 20 min 5-HTP. Lokalisierung des Fluorophors im apikalen Zellbereich. Vergr. 250 x. (b) 8 Tage kultiviert, 4 Std 5-HTP, Vergr. 250 x. (c) 8 Tage kultiviert, 4 Std. 5-HTP, Vergr. 100 x. Beachte die intensive Aminfluoreszenz im Epiphysenparenchym, an dem der tubuläre Bau des Pinealorgans zu erkennen ist. Im umgebenden Bindegewebe ist keine spezifische Fluoreszenz zu erkennen

Fig. 33a–c. Pineal organ, house sparrow, fluorescence microscopy, Falck-Hillarp technique. (a) 17 days in organ culture, addition of 5 HTP to the culture medium for 20 min, localization of fluorphore in cell apices, x 250. (b) 8 days in organ culture, addition of 5 HTP to the culture medium for 4 h, x 250. (c) same data as in b), x 100. Note lobular structure of parenchyma and lack of amine fluorescence within the surrounding conective tissue

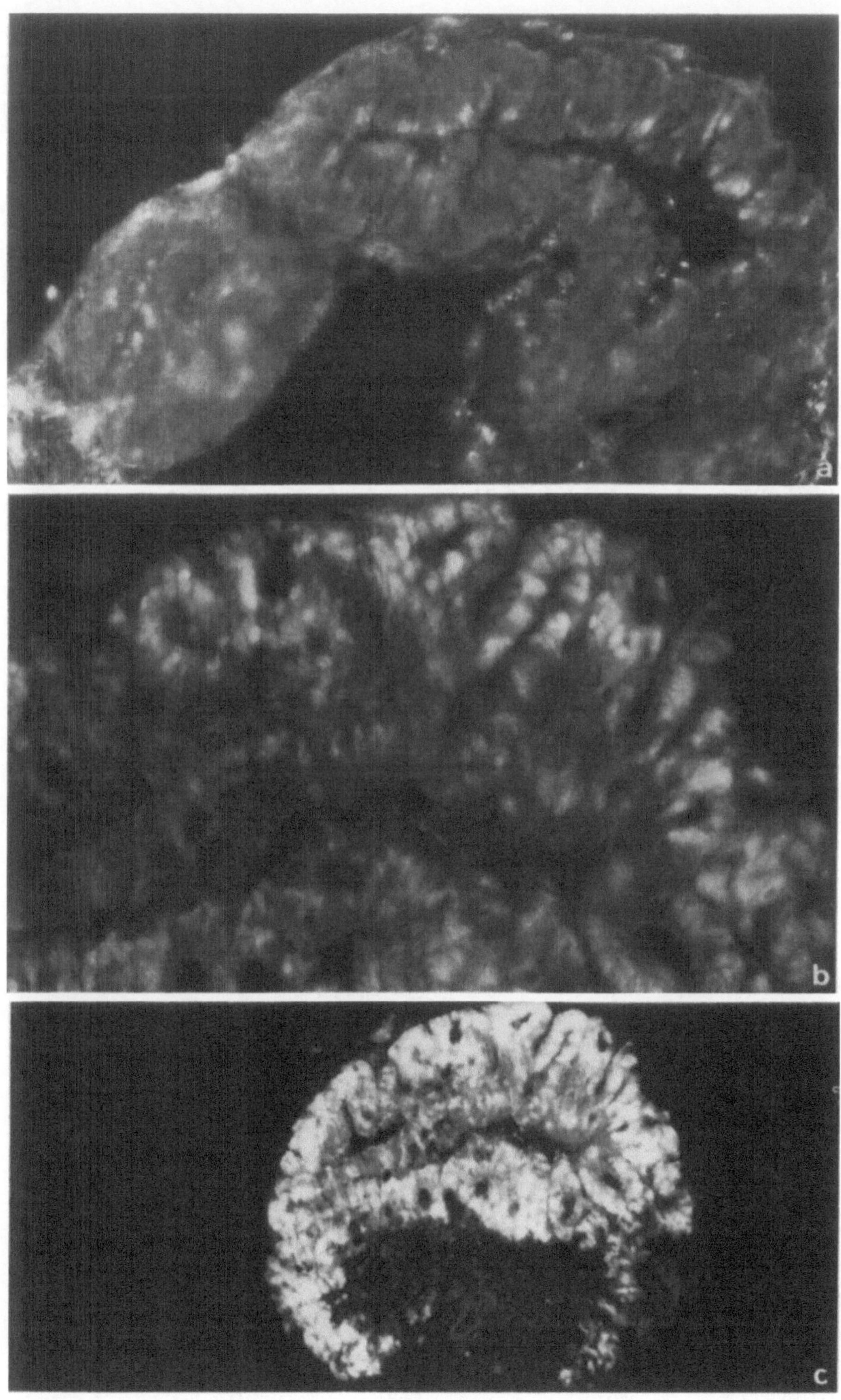

Abb. 33a—c

fluoreszenz in dem erhaltenen Gewebe, von der offensichtlich keine Zellen ausgespart blieben. Bei kürzerer Inkubationszeit (20 Min) war die Fluoreszenz nur in wenigen Zellen, in der apikalen Region lokalisiert (Abb. 33). In den Kontrollkulturen wurde nur eine schwache unspezifische Grünfluoreszenz beobachtet. Durch Zusatz von Tryptophan zum Kulturmedium ließ sich in mehreren aufeinander folgenden Experimenten keine Fluoreszenz nachweisen.

Aus den an Epiphysenkulturen erzielten fluoreszenzmikroskopischen Befunden konnte zunächst nicht auf eine Serotoninsynthese geschlossen werden; die Aufnahme von 5-Hydroxytryptophan, das unter diesen Bedingungen ein vom Serotonin-Fluorophor nicht unterscheidbares Fluorophor bildet, hätte eine Syntheseleistung des Epiphysengewebes vortäuschen können.

Zur Klärung dieser Frage wurden quantitative Bestimmungen des Serotoningehaltes in drei Versuchsgruppen durchgeführt, die jeweils gepooltes Material aus verschiedenen Kulturansätzen enthielten. Der Versuchsaufbau und die Ergebnisse sind in Tabelle 1 dargestellt. Die Zahl der benötigten Epiphysen wurde überschlagsmäßig aufgrund der ursprünglichen methodischen Erfassungsgrenze von 50 ng/Probe kalkuliert. Da von Sperlingsepiphysen keine Angaben zur Verfügung standen, wurden die bei Ratten gewonnenen Werte zugrunde gelegt (Wurtman et al., 1968). Eine Rattenepiphyse enthält bei einem Gewicht von rund 1 mg während der Tageszeit 50 ng Serotonin, ein Wert, der an der methodischen Erfassungsgrenze liegt. An unserem Material stellten wir als mittleres Gewicht einer kultivierten Sperlingsepiphyse ca. 0,5 mg fest. Aus den histologischen Präparaten wurde eine Degenerationsrate von etwa 80 % angenommen; demnach würde das Gewicht von 10 kultivierten Sperlingsepiphysen dem einer frisch entnommenen Rattenepiphyse entsprechen. Diese Zahlenwerte sind die Begründung für die hohe Anzahl von Epiphysen in den einzelnen Versuchsgruppen und für die Notwendigkeit, das Material über einen größeren Zeitraum zu sammeln und nach Gefriertrocknung zu lagern. Im Laufe der Vorstudien wurde die Empfindlichkeit der Methode soweit verbessert (Erfassungsgrenze 1,3 ng/Probe), daß auch in der dritten Versuchsgruppe ein meßbares Ergebnis erzielt wurde. Der vor der Trocknung in der Versuchsgruppe I vorgenommene Zusatz von 100 ng Serotonin war erforderlich, um in einem Kollektiv mit Sicherheit über der ursprünglichen Empfindlichkeitsgrenze der Methode zu liegen.

Tabelle 1. Bestimmung von Serotonin in Organkulturen der Epiphyse von *Passer domesticus*

	Versuchs-gruppe I	Versuchs-gruppe II	Versuchs-gruppe III
Zahl der Epiphysen	99	104	69
Gewicht (mg)	37,4	36,9	38,9
Versuchsbedingungen	4h 5HTP 10^{-3} mol	4h 5HTP 10^{-3} mol	4h TP 10^{-3} mol
Zusätze vor Trocknung	100 ng 5TH	–	–
ng 5HT/mg	96,6	75,3	3,6
Abzug des 5HT-Zusatz 77 % Wiedergewinnung	94,6	–	–
ng 5HT/Epiphyse	35,7	26,6	1,9

Die Unterschiede im Serotoningehalt sind unter Berücksichtigung des Probengewichts noch größer als bei der Ermittlung für einzelne Epiphysen. Diese Differenz beruht auf der unterschiedlichen Größe der kultivierten Pinealorgane, die von der Vollständigkeit der entnommenen Gewebsprobe abhängt, so daß nach Einbeziehung des Gewichtes die Differenzen besser wiedergegeben werden. Die Serotonin-Werte liegen nach Zusatz von 5-Hydroxytryptophan etwa 20 mal höher als bei Zugabe von Tryptophan.

Da die unterschiedliche Metabolisierungsrate von Tryptophan und 5-Hydroxytryptophan durch das Pinealorgan von *Passer domesticus* unter den gegebenen Kulturbedingungen auf eine Hemmung des oxydativen Vorgangs der Hydroxylierung hindeuten, wurden Versuche unternommen, die Sauerstoffversorgung in den Kulturen zu verbessern. Bei Verwendung von Carbogen (95 % Sauerstoff, 5 % Kohlendioxyd) in der Begasungs- und Perfusionseinrichtung zeigte sich, daß unter diesen Kulturbedingungen auch Tryptophan metabolisiert wird und daß der Gehalt an Tryptophan im Medium für eine fluoreszenzmikroskopisch nachweisbare Bildung von Serotonin ausreicht (Abb. 33). Die Fluoreszenz war allerdings nicht so intensiv wie nach Zusatz von 5-Hydroxytryptophan. Trotz der geringeren Intensität der Fluoreszenz wurde auch in diesem Fall — in Übereinstimmung mit den Ergebnissen nach kurzzeitiger Inkubation mit 5-Hydroxytryptophan — eine Lokalisation des Fluorophors im apikalen Zellabschnitt festgestellt. Dem fluoreszenzmikroskopischen Bild war nicht mit Sicherheit zu entnehmen, ob alle Zellen das Fluorophor enthalten, d.h. an der Serotoninsynthese beteiligt sind. Die bessere Erhaltung des Pinealorgans von *Passer domesticus* unter den modifizierten Kulturbedingungen wurde beim Vergleich von Epiphysen-Präparaten deutlich, die 1) sofort nach der Entnahme und 2) nach 1 Woche in der Kultur durch Gefriertrocknung gewonnen wurden. Trotz verbesserter Erhaltung ließ sich aber immer noch ein Degenerationsherd im Zentrum des Organs nachweisen. Da das Ausmaß der Degeneration in begasten Kulturen weitaus geringer war als in Kulturen mit begrenzter Luftmenge, konnte ein unmittelbarer Vergleich der Kulturergebnisse in diesen Gruppen nicht mehr durchgeführt werden. Aus diesem Grund wurde auf eine quantitative Analyse des Serotoningehaltes in den Epiphysen, die nach dem modifizierten Verfahren kultiviert wurden, verzichtet.

Im folgenden sei auf einen Nebenbefund hingewiesen. Bei einigen Experimenten wurde der Plexus chorioideus des III. Ventrikels zusammen mit dem Pinealorgan entnommen und unter Verwendung der Begasungs- und Perfusionseinrichtung kultiviert. Bei der fluoreszenzmikroskopischen Untersuchung mit der Falck-Hillarp-Technik zeigte sich regelmäßig eine starke Aminfluoreszenz im Plexusepithel, die die Fluoreszenz im Epiphysenparenchym an Intensität übertraf (Abb. 34).

Kulturversuche mit Schnitten des Pinealorgans waren erfolgreich. Für methodische Fragestellungen wurden die leichter zu beschaffenden Epiphysen 18 Tage alter Hühnerembryonen verwendet. Beim Schneiden der mit Histoacryl blau aufgeklebten Pinealorgane war zu beobachten, daß der Zellverband durch die Vibration des Messers desintegriert wurde. Für die Gewinnung brauchbarer Schnitte war es notwendig, die Vibration und die Schneidegeschwindigkeit des Vibratoms so weit wie nur möglich herabzusetzen. Auch bei einer solchen Einstellung des Gerätes gelangen lediglich Schnitte mit randständigen, der Organkapsel anhaftenden Formationen des Epiphysenparenchyms. Diese Schwierigkeit ließ sich dadurch meistern, daß möglichst kleine Proben des Pinealorgans vor dem Schneiden mit Histoacryl blau ummäntelt auf dem Objekttisch des Vibratom aufgeklebt wurden. Von dem so vorbereiteten Gewebe ließen sich

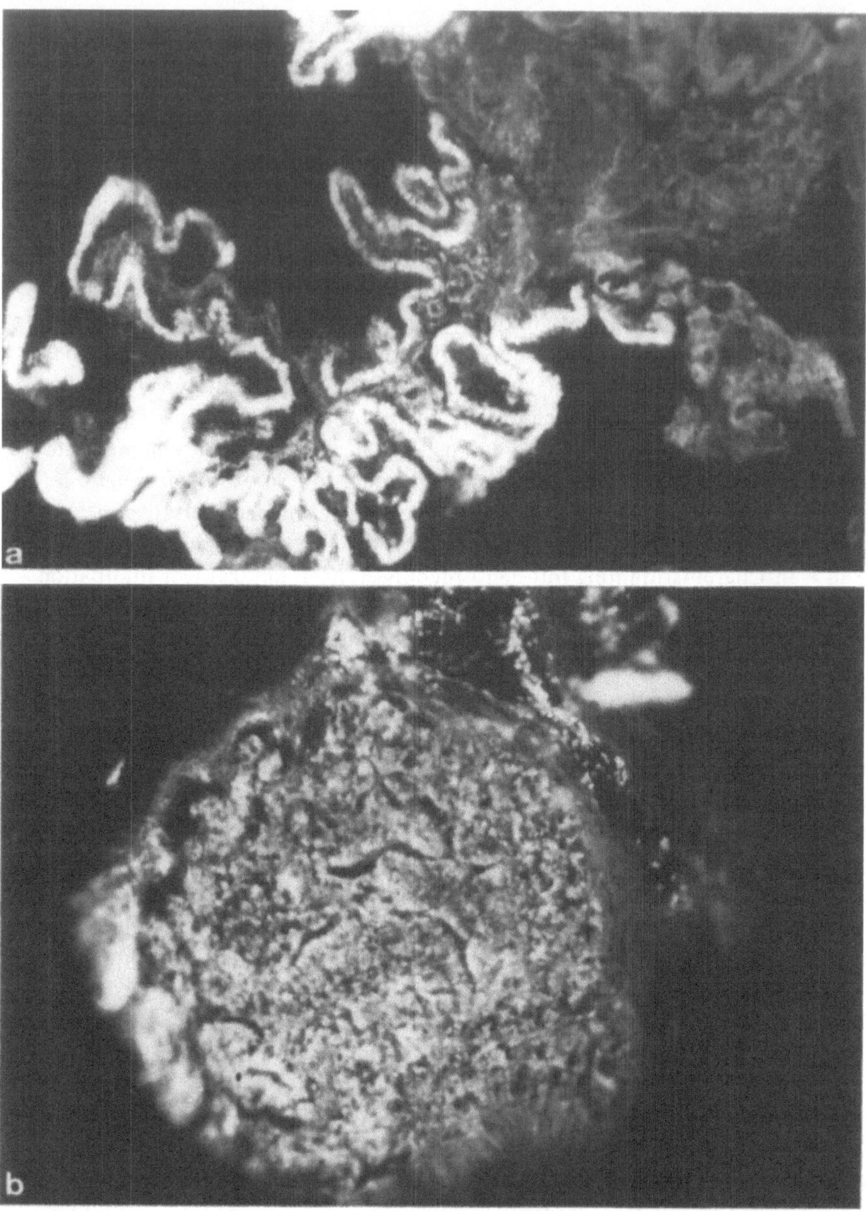

Abb. 34a und b. Pinealorgan von *Passer domesticus* kultiviert unter Verwendung einer Begasungs- und Perfusionseinrichtung, Medium 199 ohne Zusätze, Fluoreszenzmikroskopie, Falck-Hillarp-Technik. (a) 7 Tage kultiviert gemeinsam mit dem Plexus chorioideus des III. Ventrikels, Vergr. 100 x. Beachte die intensive Fluoreszenz im Plexusepithel und die im Vergleich geringere Fluoreszenzintensität im Epiphysenparenchym. Keine Anzeichen einer zentralen Degeneration

Fig. 34a and b. Pineal organ, house sparrow, culture chamber with perfusion and gasing (O_2/CO_2) equipment, medium 199, fluorescence microscopy, Falck-Hillarp technique, x 100. (a) 7 days in culture together with adhering choroid plexus from III ventricle. Note intensive fluorescence of the plexus epithelium which is stronger than in pineal parenchyma, for further details see also text: choroid plexus. (b) 5 days in organ culture, fluorophore in the parenchyma which shows no signs of central degeneration

Schnitte von 50 und 100 μm gewinnen, die mit einem Fibrinclot auf Deckgläser aufgeklebt und unter Verwendung der Begasungs- und Perfusionseinrichtung kultiviert
wurden. Der Kulturerfolg konnte in den Kulturkammern lebendmikroskopisch verfolgt werden. Die Dicke der Schnitte war für die Lebendmikroskopie im Durchlicht
ein Hindernis, das zu kleinen Vergrößerungen zwang, bei denen cytologische Details
nicht zu erkennen waren. Innerhalb des Mantels aus Histoacryl blau konnten wir bei
der Lebendmikroskopie keine Veränderungen beobachten; ein Auswachsen von Zellen
wurde durch diesen Mantel verhindert. Die Funktionskontrolle wurde fluoreszenzmikroskopisch nach Gefriertrocknung und Bedampfung mit Paraformaldehyd vorgenommen. Das Fluorophor konnte in dem Gewebe nachgewiesen werden. Ein Hindernis ent-
stand durch den Fibrinclot, der 1. beim Einfrieren sprang und 2. aus dem Medium
Serotonin aufnahm, wodurch die Fluoreszenz im Gewebe überlagert wurde.

5.4. Diskussion

Die Ergebnisse aus Kulturexperimenten mit Pinealorganen ausgewachsener Sperlinge
(*Passer domesticus*) müssen zunächst vor dem Hintergrund der in situ-Verhältnisse
(Oksche und Vaupel-von Harnack, 1966; Oksche und Kirschstein, 1969; Ueck, 1969,
1970, 1972, 1962a, b, 1973; Ueck und Kobayashi, 1972) betrachtet werden. Die im
Zentrum dieser sackartigen Epiphyse auftretende Degeneration führt zu einer starken
Vergrößerung des zentralen Lumens. Die Verwendung der Begasungs- und Perfusionseinrichtung stellt einen wesentlichen Fortschritt für die Erhaltung in der Organkultur
dar, kann jedoch die Degeneration im Zentrum des Präparates nicht vollständig ver-
hindern.

Bei der relativ starken Ausdehnung des nekrotischen Areals ist anzunehmen, daß
sowohl Pinealocyten und Stützzellen, als auch das Bindegewebs- und Gefäßsystem zugrunde gehen. Die im Bindegewebe verlaufenden vegetativen Fasern (Hedlund und Nalbandov, 1969; Ueck, 1970, 1973) ließen sich in kultivierten Pinealorganen fluoreszenz-
und elektronenmikroskopisch nicht mehr nachweisen, so daß der Einfluß der vegetativen Innervation in der Kultur mit Sicherheit ausgeschaltet war. Offen bleibt die Frage,
ob und wie lange der in den terminalen Abschnitten dieser Axone enthaltene Transmit-
ter wirksam bleibt. Diese Möglichkeit muß jedoch nur bei kurzzeitigen Experimenten
und bei Beobachtungen in der Frühphase der Kultur berücksichtigt werden. Die Frage
des Erhaltungszustandes der Zellstrukturen stellt sich auch für die Randbezirke. Die
lichtmikroskopisch erkennbaren hellen, chromatinarmen und dunklen, chromatinreichen Zellkerne sprechen dafür, daß diese Zone einwandfrei erhaltene Pinealocyten und
Stützzellen enthält. Diese Feststellung wird durch die elektronenmikroskopischen Befunde gestützt. Charakteristische sensorische Strukturelemente (Oksche, 1971; Collin,
1971) der Pinealocyten waren in unserem Material nicht nachweisbar, doch kann ihr
Vorkommen, da Zilien vorhanden sind, nicht grundsätzlich ausgeschlossen werden.
Zilien wurden jedoch auch an Stützzellen beobachtet. Zur Frage der Identifizierung
der Zilientypen (9 + 0 oder 9 + 2) wurde auf Seite 65 Stellung genommen. Eine andere Beobachtung weist aber darauf hin, daß die Elemente der sensorischen Reihe fehlen
bzw. die erhalten gebliebenen alteriert oder funktionsuntüchtig sind: in den Pinealocyten konnten keine Vesikel der 300 Å-Klasse nachgewiesen werden.

In diesem Zusammenhang muß nach den Beziehungen zwischen den Pinealocyten und den mit der Acetylcholinesterase-Reaktion dargestellten Neuronen gefragt werden. Es ist ein Nachteil dieser histochemischen Methode, daß an unserem Objekt das dendritische Astwerk der Nervenzellen nicht dargestellt wird, so daß ihre Beziehungen zu den Pinealocyten und überhaupt ihre präzise räumliche Zuordnung nicht klar zu erkennen sind. Das gelegentliche Vorkommen von synaptischen Bändern (Ueck, 1970) auch in Pinealocyten kultivierter Epiphysen erlaubt keine Aussage über eventuelle funktionelle Ketten. Andere synaptische Strukturen wurden in unserem Material nicht beobachtet. Die Tatsache, daß nur verhältnismäßig kompakte Anteile der Parenchymzellen ohne eine Neuropillage der Basalmembran benachbart sind, kann als ein Hinweis darauf angesehen werden, daß die Pinealocyten-Fortsätze und damit auch die synaptoiden Strukturen dieser Zellen in der Organkultur einer Rückbildung anheimfallen.

Die zwischen Zellausläufern sichtbaren eigenartigen Kontakte, die eine osmiophile Zwischenschicht im Interzellularspalt aufweisen (vgl. die Befunde von Arstila et al., 1971, bei der Ratte), lassen an den kultivierten Pinealorganen von *Passer domesticus* noch keine Deutung zu. Ähnliche Strukturen haben wir in der Gewebekultur des Glykogenkörpers vom Huhn beobachtet. In situ wurden diese Strukturen für die Epiphyse des Haussperlings noch nicht beschrieben.

Insgesamt besteht eine gute Übereinstimmung in der Ultrastruktur von frisch entnommenen und kultivierten Epiphysen. Aus der unterschiedlichen Häufigkeit der etwa 1 200 Å großen, einen elektronendichten Kern aufweisenden Granula in verschiedenen Kulturexperimenten wird geschlossen, daß sie der Speicherung von Serotonin dienen. Experimente mit Zusatz von 5-Hydroxytryptophan für 4 Std. zeigen, daß diese Granula schnell entstehen.

Ein Vergleich mit Befunden anderer Autoren ist ausgesprochen schwierig. Der Einfluß der verschiedenen Kulturtechniken läßt sich nicht abschätzen. Außerdem gehören die Pinealorgane der Säuger und Vögel zu unterschiedlichen Struktur- und Funktionstypen. Die Studien anderer Autoren mit embryologischer Fragestellung (Vidmar, 1953) und mit Zellkulturen (Kasahara und Nagai, 1933; Chlopina, 1941; Hungerford und Pomerat, 1962, 1965) haben keine direkte Beziehung zum Schwerpunkt der eigenen Untersuchungen. In den meisten Fällen standen biochemische oder pharmakologische Probleme mit Analysen des Kulturmediums im Vordergrund; in diesen Arbeiten finden sich nur spärliche morphologische Angaben. Lediglich zwei Autoren weisen auf degenerative Vorgänge in Kulturen des Pinealorgans hin (Quay und Kahn, 1963; Arstila et al., 1971). Über Ultrastrukturbefunde an kultivierten Pinealorganen (Ratte) wurde nur von Arstila et al. (1971) berichtet.

Der Nebenbefund, daß Plexus chorioidei von *Passer domesticus,* die gemeinsam mit dem Pinealorgan kultiviert werden, Serotonin aufnehmen, zeigt, daß dieses vom Pinealorgan abgegebene Indolamin von anderen zirkumventrikulären Formationen aufgenommen werden kann. Diese Beobachtung steht im Einklang mit den Befunden von Shein et al. (1967), die an kultivierten Rattenepiphysen gewonnen wurden. Das Ergebnis der fluoreszenzmikroskopischen Untersuchungen an kultivierten Pinealorganen von *Passer domesticus* ergibt ein präzises Bild der zellulären Serotoninspeicherung, das grundsätzlich auf einer Linie mit den von Klein et al. (1970) sowie Arstila et al. (1971) bei der Ratte erhobenen Befunde steht. Es ist aber immer noch nicht klar, inwieweit die in vitro erfaßten metabolischen Prozesse sich qualitativ und quantitativ auf die Verhältnisse in vivo übertragen lassen. Eine Klärung dieser Frage wäre nur dann möglich, wenn sowohl das Medium als auch das Organ in einer bestimmten zeitlichen Folge untersucht werden könnten. Auf dieses Ziel sind unsere Experimente zur Kultivierung von Schnitten des Pinealorgans ausgerichtet. Im Zusammenhang mit der in vitro beobachteten Freisetzung von Serotonin entstehen Fragen nach der biologischen Bedeutung, dem Transportweg und dem Wirkungsort dieses Indolamins. Am Pinealorgan von *Passer domesticus* kommt als Transportweg durchaus auch die offene Verbindung des Epiphysenlumens zum III. Ventrikel in Frage.

Zur Melatoninsynthese, und damit auch zu den Aktivitäten der für diese Synthese zuständigen Enzyme, liegen keine eigenen Untersuchungen vor. Es liegt nahe, die Experimente von Rosner u. a. (1971) auch mit kultivierten Pinealorganen von *Passer domesticus* zu wiederholen.

Die Kulturbedingungen haben einen wesentlichen Einfluß auf die Serotoninsynthese und die Metabolisierung von Serotonin in vitro. Unsere Erfahrungen mit dem zusatzfreien Medium 199 bei begrenzter Luftmenge und bei Verwendung der Begasungs- und Perfusionseinrichtung sind weniger positiv als die von Rosner et al. (1971). Dennoch kann angenommen werden, daß 1) diese Bedingungen während des Versuchsverlaufs — insbesondere bei Anwendung der Begasungs- und Perfusionseinrichtung — konstant bleiben und 2) nach Abschluß der Degeneration der vegetativen Innervation und der Parenchymverbände im Zentrum des Pinealorgans keine weiteren gravierenden Veränderungen auftreten. Der zeitliche Verlauf der Degenerationserscheinungen zwingt, eine Vorkulturphase dann einzuschalten, wenn eine längere Versuchsdauer geplant ist.

Die anhand des Serotonin-Fluorophors und durch Bestimmungen des Serotoningehalts ermittelten Syntheseleistungen der Epiphysenkulturen von *Passer domesticus* sind offenbar unabhängig von der Erhaltung der sympathischen Innervation und der Feinstruktur der ‚sensorischen‘ Pinealocyten. Dieses Ergebnis hat eine Beziehung zu den verhaltensphysiologischen Befunden von Menaker (1968a, b), Gaston (1970) sowie Gaston und Menaker (1968). Zur Klärung der Frage, ob das Pinealorgan selbst circadiane Aktivitätsmuster aufweist oder nur zwischen dem unbekannten Oscillator und dem unbekannten Erfolgssystem eingeschaltet ist, erscheinen erfolgversprechend: 1) die weitere Verfeinerung der standardisierten Kulturbedingungen; 2) die sukzessive Entnahme von kultivierten Schnitten. Die systematische Entwicklung dieser Verfahren unter Berücksichtigung zellbiologischer Aspekte ist als das wesentliche Ergebnis der vorliegenden Epiphysenstudie anzusehen.

5.5. Zusammenfassung

Pinealorgane adulter Sperlinge (*Passer domesticus*) wurden im Medium 199 kultiviert (Organkultur).

Im Zentrum des Organs kam es zur Degeneration des Gewebes. Am Rande blieb das tubulär angeordnete Epiphysenparenchym erhalten. Elektronenmikroskopisch waren Stützzellen und Pinealocyten zu unterscheiden. Die in situ beschriebenen sinneszellähnlichen Strukturelemente ließen sich in der Kultur nicht nachweisen. Sonstige auffällige Veränderungen der Ultrastruktur wurden nicht beobachtet. Nervenzellen konnten mit der Acetylcholinesterase-Reaktion auch noch nach langer Kulturdauer (33 Tage) selektiv hervorgehoben werden; jedoch werden nur ihre Perikarien dargestellt.

Die Leistungen der Zellen in Organkulturen wurden durch den fluoreszenzmikroskopischen Nachweis des Serotonin-Fluorophors (Falck-Hillarp-Methode) unter ver-

schiedenen Versuchsbedingungen geprüft. In Kulturen mit begrenzter Luftmenge
wird Serotonin aus 5-Hydroxytryptophan synthetisiert. Hingegen läßt sich Serotonin
nach Zusatz von Tryptophan fluoreszenzmikroskopisch nicht nachweisen. Biochemische Analysen ergaben zwischen den beiden obengenannten Versuchsgruppen einen
rund 20-fachen Unterschied in der Serotonin-Menge. Dieser Unterschied spiegelt sich
auch in der Zahl der annähernd 1 200 Å großen, mit einem elektronendichten „Kern"
ausgestatteten Granula wieder.

Durch Verwendung einer Perfusions- und Begasungseinrichtung (Carbogen) konnte
das Ausmaß der zentralen Degeneration des Pinealorgans deutlich verringert werden.
Unter diesen Bedingungen wird Serotonin auch nach Zufuhr von Tryptophan gebildet.

Versuche, Vibratom-Schnitte des Pinealorgans zu kultivieren, waren erfolgreich. Dieses Verfahren erlaubt eine sukzessive Entnahme und Untersuchung von kultivierten
Schnitten.

6. Ausblick

In den vorgelegten Studien wurde in vitro-Verhalten von drei unterschiedlich gebauten
circumventrikulären Organen (Plexus chorioideus, Glykogenkörper, Pinealorgan) analysiert. Die Ergebnisse bilden eine Grundlage für weitere Untersuchungen, bei denen
für jedes dieser Organe — in Abhängigkeit von seiner Struktur und dem gegenwärtigen
Kenntnisstand — verschiedene Fragestellungen bestehen.

Beim *Plexus chorioideus* stehen die Transportleistungen des *ependymalen Epithels*
als ungelöstes Problem weiterhin im Vordergrund. Dabei muß sowohl in situ als auch
in vitro geklärt werden, ob das scheinbar einheitlich strukturierte Plexusepithel regional spezialisierte Untereinheiten für einzelne Teilleistungen aufweist. Dieser wohl auch
mit der regionalen Differenzierung des Gefäßsystems zusammenhängende Fragestellung ist bisher wenig Beachtung geschenkt worden. Für die Charakterisierung der
Reaktionslage einzelner Zellkomplexe oder Epithelareale wird man auch morphome-
trische und enzymhistochemische Methoden heranziehen müssen. Am Plexus chorioideus des Menschen verdienen Altersveränderungen, für die es im Tierreich keine
Parallelen gibt, besondere Aufmerksamkeit. Diese Frage läßt sich auch mit Hilfe der
Organkultur angehen.

Für den lumbalen *Glykogenkörper der Vögel* haben die eigenen Untersuchungen
einen für circumventrikuläre Organe ungewöhnlichen Bau aus einheitlich differenzier-
ten *astrocytären Gliazellen* aufgezeigt. Nach den zahlreichen erfolglosen Versuchen
verschiedener Autoren (vgl. Paul, 1972, 1973), eine trophische Funktion dieses Organs
nachzuweisen, muß jetzt nach einem neuen Ansatz für experimentelle in vivo-Unter-
suchungen gemacht werden.

In Experimenten mit der Gewebekultur konnte der gliöse Charakter des Glykogenkörpers, einschließlich der Differenzierung und Dedifferenzierung seiner Zellen, auf-
geklärt werden.

An der komplexeren Struktur des *Pinealorgans der Vögel* bietet sich für weitere Untersuchungen ein breites Spektrum von Möglichkeiten an. So könnte man in organotypischen Kulturen dieses neuroendokrinen Organs Änderungen des DNS-RNS-Gehal-
tes unter Beachtung der circadianen Aktivität cytophotometrisch verfolgen. Dieses Vor-

haben müßte mit weiteren Bemühungen zur Typisierung der verschiedenartigen *pinealen Parenchymelemente* einhergehen. Für die Typisierung dieser Zellen bieten sich neben morphologischen Kriterien neuerdings auch immuncytochemische Methoden an. Wichtig ist die Erfahrung, daß die *cholinergen (Acetylcholinesterase-positiven) Neurone* der Vogelepiphyse in der Organkultur über lange Zeit erhalten bleiben. An solchen Neuronen sind elektrophysiologische Einzelzellableitungen denkbar, die vermutlich einen besseren Einblick in die lichtabhängigen circadianen Mechanismen der Vogelepiphyse gewähren würden. Diese cholinergen Neurone sind mit dem Gehirn (Formatio reticularis?) verbundene Effektoren, die offenbar der Steuerung von lokomotorischen Rhythmen dienen. Sie kommen in dieser Ausprägung in den genauer erforschten Pinealorganen der Säugetiere nicht vor. Die *Indolamine bildenden Pinealocyten* besitzen als Abkömmlinge primärer Sinneszellen (rudimentäre Photorezeptorstrukturen) mit großer Wahrscheinlichkeit noch verschiedene funktionierende neuronale Strukturelemente (z.B. synaptische Bänder) und können Lichtimpulse in neuroendokrine, durch Indolamine vermittelte, Reaktionen umsetzen. Die Vogelepiphyse enthält somit zwei durch verschiedene Wirkstoffe charakterisierte Zelltypen neuronalen Ursprungs, deren funktionelles Zusammenwirken weiter analysiert werden kann. Die vorliegenden Organkultur-Studien haben ein hierfür geeignetes in vitro-Modell geschaffen.

Die im Laufe der eigenen Studien an den Plexus chorioidei, am Glykogenkörper und am Pinealorgan der Vögel gesammelten Erfahrungen ergaben eine Grundlage für in vitro-Untersuchungen an anderen circumventrikulären Organen. Zwei circumventrikuläre Organe erscheinen für die Ausweitung der eigenen Untersuchungen besonders interessant:

Die Ependymzellen des *Subcommissuralorgans* sind die einzigen mit Sicherheit sekretorischen gliösen Zellelemente (vgl. Sterba, 1975). Die Analyse der Sekretionsmechanismen und der pharmakologischen Beeinflußbarkeit dieser ependymalen Sekretion wäre in der Organkultur durch gezielte Applikationen und ohne Eingreifen in komplexe endokrine und neuroendokrine Prozesse durchführbar. Geeignetes Material könnten die Subcommissuralorgane von Hund und Rind liefern, bei denen auch ein gut entwickelter Reissnerscher Faden vorkommt.

Organkulturen der *Eminentia mediana* in Verbindung mit den Tuberkernen bietet noch interessante Fragestellungen, da durch geeignete Wahl der Versuchstiere (Säuger und Vögel) verschiedene Funktionssysteme mit Beteiligung von peptidergen (releasing factors bildenden) und aminergen Neuronen (vgl. Knigge et al., 1975) analysiert werden können. In andersartigen Präparationen der Eminentia mediana könnte man — isoliert von den Tuberkernen — das Verhalten der Ependym- und Gliazellen und der versprengten — allerdings nicht bei allen Arten vorkommenden — sekretorischen Nervenzellen der Zona interna untersuchen. Solche Kulturen der Eminentia mediana und der angrenzenden Kerngebiete sind in der vergleichend-neuroendokrinologischen Forschung noch wenig genutzt worden.

Eine Standardisierung der Kulturverfahren als Fernziel eigener Arbeiten setzt eine einwandfreie Isolierbarkeit des Organs voraus. Diese Voraussetzung ist für die circumventrikulären Organe gegeben.

7. Literatur

Adam, H.: Beitrag zur Kenntnis der Hirnventrikel und des Ependyms bei Cyclostomen. Verh. Anat. Anz. Erg. H. zu Bd. **103**, 173–188 (1957)

Aristila, A.U., Kalimo, H.O., Hyyppä, M.: Secretory Organelles of the Rat Pineal Gland: Electron Microscopic and Histochemical Studies in vivo and in vitro. The Pineal Gland. Ciba Foundation Symposium. G.E.W. Wolstenholme and I. Knight, (eds.), pp. 147–164. Edinburgh, London: Churchill-Livingstone 1971

Axelrod, I., Snyder, S.H., Heller, A., Moore, R.Y.: Light induced changes in pineal hydroxyindol-O-methyltransferase: Abolition by lateral hypothalamic lesions. Science **154**, 898–899 (1966)

Axelrod, I., Wurtman, R.I., Winget, C.M.: Melatonin Synthesis in the hen pineal gland and its control by light. Nature **201**, 1134 (1964)

Bargmann, W.: Die Epiphysis cerebri. In: Handbuch der mikroskopischen Anatomie des Menschen. W. von Möllendorff (ed.), Vol. 6, Part 4, 309–502. Berlin: Springer 1943

Bargmann, W.: Das Zwischenhirn-Hypophysensystem. Berlin, Göttingen, Heidelberg: Springer 1954

Bargmann, W.: Über die sogenannten Filamente der Epithelzellen des Plexus chorioideus. Z. Zellforsch. **41**, 372–384 (1955)

Bargmann, W., Katritsis, E.: Über die sogenannten Filamente und das Pigment im Plexus des Menschen. Z. Zellforsch. **75**, 366–370 (1966)

Bargmann, W., Oksche, A., Fix, J.D., Adams, R.D.: Meningen, choroid plexuses, ependym and their pathological reactions. In: Penfield. Haymaker et al. (eds.) Cytology and cellular pathology of the nervous system. New York: Academic Press (in press)

Becker, N.H., Novikoff, A.B., Zimmermann, H.M.: Fine structure observations of the upstake of intravenously injected peroxydase by the rat choroid plexus. J. Histochem. Cytochem. **15**, 160–165 (1967)

Becker, N.H., Almazon, R.: Evidence for the functional polarization of micropinocytotic vesicles in the rat choroid plexus. J. Histochem. Cytochem. **16**, 278–279 (1968)

Bering, E.A., Sato, O.: Hydrocephalus: changes in formation and absorption of cerebrospinal fluid within the cerebral ventricles. J. Neurosurg. **20**, 1050–1063 (1963)

Berlin, R.D.: Purines: active transport by isolated choroid plexus. Science **163**, 1194–1195 (1969)

Binkley, S.: The pineal organ and circadian organization in the House Sparrow. Doctoral dissertation, University of Texas, Austin 1970

Binkley, S., Kluth, E., Menaker, M.: Pineal function in sparrows: Circadian rhythms and body temperature. Science **174**, 311–314 (1971)

Binkley, S., Kluth, E., Menaker, M.: Pineal and locomotor activity levels and arrhytmia in sparrows. J. Comp. Physiol. **77**, 163–169 (1972)

Biondi, G.: Ein neuer histologischer Befund am Epithel des Plexus chorioideus. Z. Neur. **144**, 161–164 (1933)

Biondi, G.: Pathologische Anatomie und Histologie der membranösen (Paries chorioideus) und der nervösen Wände (Ependym) der Hirnventrikel (ohne Geschwülste und eitrige und spezifische Entzündungen). In: Handbuch der speziellen pathologischen Anatomie und Histologie Bd. 13. Nervensystem W. Scholz (Hrsg.), 4. Teil, S. 826–895. Berlin, Göttingen, Heidelberg, Springer: 1956

Bischoff, M.B.: Ultrastructural evidence for secretory and photoreceptor functions in the avian pineal organ. J. Cell. Biol. **35**, 13 A (1967)

Bischoff, M.B.: Photoreceptoral and secretory structures in the avian pineal organ. J. Ultrastruct. Res. **28**, 16–26 (1969)

Bohr, V., Møllgård, K.: Tight junctions in human fetal choroid plexus visualized by freezeetching. Brain. Res. **81**, 314–318 (1974)

Bradbury, M.W.B., Davson, H.: The transport of urea, creatinine and certain monosaccharides between blood and fluid perfusing the cerebral ventricular system of rabbits. J. Physiol. (London) **170**, 195–211 (1964)

Breemen, V. van, Clemente, C.: Silver Deposition in the Central Nervous System and the Haemato-cephalia Barrier studied with the Electron Microscope. J. Biophys. Biochem. Cytol. 1, 161 (1955)

Brightman, M.W., Reese, T.S.: Junctions between intimately apposed cell membranes in the verte-brate brain. J. Cell Biol. 40, 648–677 (1969)

Brody, H.: Age changes in the choroid plexus in man. Anat. Rec. 136, 311 (1960)

Brunk, U.: Distribution and Shifts of Ingested Marker Particles in Residual Bodies and Other Lyso-somes. Exp. Cell. Res. 79, 15–27 (1973)

Brunk, U., Ericsson, I.L.E., Pontén, I., Westermark, B.: Specialisation of cell surfaces in contact in-hibited human glia-like cells in vitro. Exp. Cell. Res. 67, 407–415 (1971)

Brunk, U., Ericson, I.L.E., Pontén, I., Westermark, B.: Residual Bodies and "Ageing" in Cultured Human Glia Cells. Exp. Cell. Res. 79, 1–4 (1973)

Buschiazzo, H.O., Bosch, R., Mordujovich de Buschiazzo, P., Rodriguez, R.R.: The effect of hor-mones on the glycogen body of birds. Proceedings of the Second International Congress of Endocrinology. London 1964. Part I, pp. 162–166. Amsterdam-NewYork-London-Milan-Tokyo-Buenos Aires: Exerpta Medica Foundation 1964

Callas, A., Hartwig, H.G., Collin, J.P.: Noradrenergic inervation of the median eminence. Micro-spectrofluormetric and pharmacological study in the duck (Anas platyrhynchos). Z. Zell-forsch. 147, 491–504 (1974)

Cameron, G.: Secretory activity of the choroid plexus in tissue culture. Anat. Record 117, 115–123 (1953)

Carpenter, S.J.: An electron microscopic study of the choroid plexus of Necturus maculosus. J. Comp. Neurol. 127, 413–434 (1966)

Carpenter, S.J., Mc Carthy, L.E., Borison, H.L.: Electron microscopic study on the epiplexus (Kolmer) cells of the cat choroid plexus. Z. Zellforsch. 110, 471–486 (1970)

Case, N.M.: Hemosiderin granules in the choroid plexus. J. Biophys. Biochem. Cytol. 6, 527–529 (1959)

Castel, M., Sahar, A., Erlig, D.: The Movement of Lanthanum across diffusion barriers in the chorioid plexus of the cat. Brain Res. 67, 178–184 (1974)

Chiffelle, T.L., Putt, A.: Propylene and Ethylene Glycol as Solvents for Sudan IV and Sudan Black B. Stain Technol. 26, 51–56 (1951)

Chlopina, J.D.: Über das Wachstum und die Verwandlungen der Elemente der Zirbeldrüse im Explantat. Compt. rend. (Doklady) Akad. Sei. URSS, 31, 707–710 (1941)

Clementi, F., Marini, P.: The Surface Fine Structure of the Walls of cerebral Ventricles and of Choroid Plexus in Cat. Z. Zellforsch 123, 82–95 (1972)

Collin, J.-P.: Contribution à l'étude des follicules de l'épiphyse embryonnaire d'Oiseau. C.R. Acad. Sci., ser. D 262, 2263–2266 (1966a)

Collin, J.-P.: Etude préliminaire des photorécepteurs rudimentaires de l'épiphyse de Pica pica L. pendant la vie embryonnaire et postembryonnaire. C. R. Acad. Sci., Ser. D. 263, 660–663 (1966b)

Collin, J.-P.: Sur l'évolution des photorécepteurs rudimentaires épiphysaires chez la Pie (Pica pica L.). C. R. Soc. Biol. 160, 1876–1880 (1966c)

Collin, J.-P.: Le photorécepteur rudimentaire de l'épiphyse d'Oiseau: Le prolongement basal chez la passereau Pica pica L. C. R. Acad. Sci. 265, 48–51 (1967a)

Collin, J.-P.: Nouvelles remarques sur l'épiphyse de quelques Lacertiliens et Oiseaux. C. R. Acad. Sci. 265, 1725–1728 (1967b)

Collin, J.-P.: Rubans circonscrits par des vésicules dans les photorécepteurs rudimentaires épiphy-saires de l'Oiseau: Vanellus vanellus (L.) et nouvelles considérations phylogénétiques relatives aux pinéalocytes (ou cellules principales) des Mammiféres. C. R. Acad. Sci. 267, 758–761 (1968)

Collin, J.-P.: Contribution à l'étude de l'organe pinéal. De l'épiphyse sensorielle à la glande pinéale: Modalités de transformation et implications fonctionnelles. Ann. Sta. Biol. Besse-en-Chan-desse, Suppl. 1, 1–359 (1969)

Collin, J.-P.: Differentiation and regression of the cells of the sensory line in the epiphysis cerebri. In: The pineal gland. G.E. Wolstenholme, J. Knight (eds.), pp. 79–125. Edinburgh, London: Churchill/Livingstone 1971

Crosby, E.C., Humphrey, T., Lauer, E.W.: Correlative anatomy of the nervous system. New York: MacMillan Co. 1962

Csaky, T.Z., Rigor, B.M.: A concentrative mechanism for sugars in the choroid plexus. Life Sci. 3, 931–936 (1964)

Cserr, H.: Potassium exchange between cerebrospinal fluid, plasma and brain. Am. J. Physiol. 209, 1219–1226 (1965)

Cserr, H.F.: Physiology of the choroid plexus. Physiol. Rev. 51, Nr. 2, 273 (1971)

Cserr, H. F., Fenstermacher, J. D., Fenel, V. (eds.): Fluid Environment of the Brain. New York, San Franzisco, London: Academic Press 1975

Curl, F.D., Pollay, M.: Transport of water and electrolytes between brain and ventricular fluid in the rabbit. Exp. Neurol. 20, 558–574 (1968)

Cutler, R.W.P., Robinson, R.J., Lorenzo, A.V.: Cerebrospinal fluid transport of sulfate in the cat. Amer. J. of Physiol. 214, 448–454 (1968)

Cushing, H.: Studies on cerebrospinal fluid. J. med. Res. 31, 1–49 (1914)

Dandy, W.E.: Experimental hydrocephalus. Ann. Surg. 70, 129–142 (1919)

Daniels, M.P., Hamprecht, B.: The Ultrastructure of Neuroblastoma Glioma Somatic Cell Hybrids. Cell. Biol. 63, 691–699 (1974)

Dawson, A.B.: Evidence for the termination of neurosecretory fibers within the pars intermedia for the hypophysis of the frog, Rana pipiens, Anat. Rec. 115, 63–70 (1953)

Deitch, A.D., Wagner, D., Richart, R.M.: Conditions Influencing the Intensity of the Feulgen Reaction. J. Histochem. Cytochem. 16, 371–379 (1968)

Dempsey, E.W., Wislocki, G.B.: The Use of Silver Nitrate as a Vital Stain, and its Distribution in several Mammalian Tissues as studied with the Electron Microscope. J. Biophys. Biochem. Cytol. 1, 245–256 (1955)

Dezza, M.A., Rodriguez, R.R., Buschiazzo, H.O.: Pyruvic and lactic acid levells in glycogen body incubations. Life Sci. 9, 387–395 (1970)

Dohrmann, G.J.: The choroid plexus: a historical review. Brain Res. 18, 197–218 (1970)

Dohrmann, G.J., Henderson, P.B.: The choroid plexus of the mouse: A macroscopic, microscopic and fine structural study. Z. mikr.-anat. Forsch. 82, 508–522 (1970)

Doolin, P.F., Birge, W.I.: Ultrastructural organization of cilia and basal bodies of the epithelium of the choroid plexus in the chick embryo. J. Cell. Biol. 29, 333–345 (1966)

Doolin, P.F., Birge, W.J.: Ultrastructural organization and histochemical profile of adult fowl choroid plexus epithelium. Anat. Rec. 165, 515–530 (1969)

Dougherty, R.M.: Use of Dimethyl Sulphoxide for Preservation of Tissue Culture Cells by Freezing. Nature 193, 550–552 (1962)

Doyle, W.L., Watterson, R.L.: The accumulation of glycogen in the "glycogen body" of the nerve cord of the developing chick. J. Morph. 85, 391–403 (1949)

Duckett, S.: The choroid plexus of the lateral ventricles during early human fetal life. Anat. Anz. 129, 71–83 (1971)

Duval, M.: Recherches sur le sinus rhomboidal des oiseaux. J. Anat. (Paris) 13, 1–38 (1877)

Eichler, V.B., Moore, R.Y.: Studies on Hydroxyindole-O-methyltransferase in Frog Brain and Retina: Enzymology, regional distribution and environmental control of enzyme levels. Comp. Biochem. Physiol. 50 C, 89–95 (1975)

Emmert, A.G.F.: Beobachtungen über einige anatomische Eigenheiten der Vögel. Arch. Physiologie 10, 377–392 (1811)

Falck, B., Hillarp, N.A., Thieme, G., Torp, A.: Fluorescence of catecholamines and related compounds condensed with formaldehyde. J. Histochem. Cytochem. 10, 348–354 (1962)

Falck, B., Owman, C.M.: A detailed methodological description of the fluorescence method for cellular demonstration of biogenic monamines. Acta Univ. Lund Sectio II Nr. 7 (1965)

Flather, M.D.: A study of the haemosiderin content of the choroid plexus. Amer. J. Anat. 32, 125–146 (1923)

Flexner, L.B., Stiehler, R.D.: Biochemical changes associated with the onset of secretion in the fetal chorioid plexus. An organization of oxydation-reduction processes. J. biol. Chem. 126, 619–626 (1938)

Friede, R.M., Vossler, A.E.: Histochemistry of the Glycogen Body of the Turkey Spinal Cord. Histochemie 4, 330–335 (1964)

Friede, R.L.: Topographic brain chemistry. New York, London, Academic Press: 1966

Fromme, H.G., Pfautsch, M., Pfefferkorn, G., Bystricky, V.: Die „Kritische Punkt"-Trocknung als Präparationsmethode für die Rasterelektronenmikroskopie. Microscopia Acta 73, 29–37 (1972)

Fuxe, K., Hökfelt, T., Jonsson, G., Ungerstedt, U.: Fluorescence microscopy in neuroanatomy. In: Contemporary research methods in neuroanatomy. W.J.H. Nauta, S.O.E. Ebbesson (eds), pp. 275–314. Berlin–Heidelberg–New York: Springer 1970

Gadow, H., Selenka, E.: Vögel, In: Bronns Klassen und Ordnungen des Thier-Reichs. Leipzig: C.F. Winter'sche Verlagshandlung 1891

Galeotti, G.: Studio morphologico e cytologico della volta del diencefalo in alcesi vertibrati. Riv. Pat. nerv. 2, 481–517 (1897)

Gaston, S., Menaker, M.: Pineal function: The biological clock in the sparrow? Science 160, 1125–1127 (1968)

Gaston, S.: The influence of the pineal organ on the circadian activity rhythm in birds. In: "Biochronometry". M. Menaker (ed.) pp. 541–548. Washington, D.C.: Nat. Acad. Sci. 1971

Gennaro, L.D. de: Differentiation of the glycogen body of the chick embryo under normal and experimental conditions. Growth 23, 235–249 (1959)

Gennaro, L.D. de: The incorporation and storage of glucose C-14 by the chick glycogen body. Amer. Zoologist. 2, 515 (1962)

Giacolone, E., Valzelli, L.: Fide Bürki. Pharmacology 2, 171 (1969)

Goldfischer, S., Bernstein, J.: Lipofuscin (Aging) Pigment Granules Of The Newborn Human Liver. Cell. Biol. 42, 253–261 (1969)

Gomori, G.: Aldehyde-fuchsin: a new stain for elastic tissue. Amer. J. clin. Path. 20, 665–666 (1950)

Goodman, L.S., Gilman, A.: The pharmacological basis of therapeutics. III. ed. New York-London-Toronto: MacMilan Co. 1965

Grignon, G., Guedenet, J.-C., Hatier, R.: Étude en microscopie electronique de la structure et de l'histogénèse de la neurophypophyse du C.R. Ass. Anat. 13, 599–607 (1967)

Gross, W.O., Müller, C.: Die sog. Asphalt-Flecke der kultivierten Herzmuskelzellen – eine im Phasenkontrastmikroskop sichtbare Formation des Glykogens. Z. Zellforsch. 118, 190–202 (1971)

Hager, H., Luk, S., Ruscacova, D., Ruscak, M.: Histochemische, elektronenmikroskopische und biochemische Untersuchungen über Glykogenanhäufungen in reaktiv veränderten Astrocyten der traumatisch lädierten Säugergroßhirnrinde. Z. Zellforsch. 83, 295–320 (1967)

Hansen-Pruss, O.C.: Meninges of birds, with a consideration of the sinus rhomboidalis. J. comp. Neurol. 36, 193–217 (1923)

Harrison, P.C., Becker, W.C.: Extraretinal photocontrol of oviposition in pinealectomized domestic fowl. Proc. Soc. Exp. Biol. Med. 164–171 (1969)

Hazelwood, R.L., Lorenz, F.W.: Effects of fasting and insulin on carbohydrate metabolism of the domestic fowl. Amer. J. Physiol. 197, 47–51 (1959)

Hazelwood, R.L., Hazelwood, B.S., McNary, W.F.: Possible hypophysial control over glycogenesis in the avian glycogen body. Endocrinology 71, 334–336 (1962)

Hazelwood, R.L., Hazelwood, B.S., Olsson, C.A.: Comparative glycogenesis in the liver and glycogen body of the chick. Proc. Exp. Biol. Med. 113, 407–411 (1963)

Hazelwood, R.L., Barksdale, B.K.: Failure of chicken insulin to alter polysaccharide levels of the avian glycogen body. Comp. Biochem. Physiol. 36, 823–827 (1970)

Hedlund, L., Nalbandov, A.V.: Innervation of the avian pineal body. Amer. Zool. 9, 1090 (1969)

Heisey, S.R., Held, D., Pappenheimer, J.R.: Bulk flow and diffusion in the cerebro-spinal fluid system of the goat. Amer. J. Physiol. 203, 775–781 (1962)

Hild, W.: Ependymal Cells in Tissue Culture. Z. Zellforsch. 46, 259 (1957)

Hochwald, G.M., Wallenstein, M.: Exchange of albumin between blood, cerebrospinal fluid, and brain in the cat. Amer. J. Physiol. 212, 1199–1204 (1967)

Hochwald, G.M., Wallenstein, M.C.: Exchange of α-globulin between blood, cerebrospinal fluid and brain in the cat. Exp. Neurol. 19, 115–126 (1967)

Hofer, H.: Zur Morphologie der circumventriculären Organe des Zwischenhirns der Säugetiere. Verh. d. Deutsch. Zool. Gesellschaft in Frankfurt/Main, 20, 202–251 (1958)

Hogue, M.J.: Human fetal choroid plexus cells in tissue cultures. Anat. Rec. 101, 674–675 (1948)

Hogue, M. J.: Human fetal brain cells in tissue cultures, their identification and mobility. J. Exp. Zool. 100, 85 (1946)

Holzmann, K., Lange, R.: Zur Cytologie der Glandula parathyreoidea des Menschen. Weitere Untersuchungen am Epithelkörperadenom. Z. Zellforsch. 58, 759–789 (1963)

Houska, J., Marvan, F., Sova, Z., Machalek, E.: Der Einfluß des Hungerns auf den Glykogengehalt des Glykogenkörpers und der Leber von Küken. Zbl. Vet.-Med. Reihe A 16, 549–556 (1969)

Huber, J.F.: Nerve roots and nuclear groups in the spinal cord of the pigeon. J. comp. Neurol.
65, 43–91 (1936)

Hündgen, M.: Der Einfluß verschiedener Aldehyde auf die Strukturerhaltung gezüchteter Zellen
und auf die Darstellbarkeit von vier Phosphatasen. Histochemie 15, 46–61 (1968)

Hungerford, G.F., Pomerat, C.M.: Rat pineal parenchymal cells as observed in tissue culture. Z.
Zellforsch. 57, 809–817 (1962)

Hungerford, C.F., Pomerat, C.M.: Oberservations on the Rat Pineal in Tissue Culture. Prog. Brain
Res. 10, 465–472 (1965)

Imhof, G.: Anatomie und Entwicklungsgeschichte des Lumbalmarkes bei den Vögeln. Arch. mikr.
Anat. 65, 498–610 (1905)

Jenkins, F.A.: Liver glycogen storage in the chick embryo and its relation ot the glycogen body.
Wasmann J. Biol. 13, 9–35 (1955)

Kageyama, R.: Die Beziehung zwischen dem Nährboden und der Riesenzellbildung in Suspen-
sionskulturen von Zellen des Fibrolastenstammes L. Z. Zellforsch. 51, 725–727 (1960)

Kappers, C.U.A.: The lumbo-sacral sinus in the spinal cord of birds and its histological con-
stituents. Psychiat. neurol. Bl. (Amst.) 28, 405–415 (1924)

Kappers, C.U.A.: The meninges in lower vertebrates compared with those in mammals. Arch.
Neurol. Psychiat. 14, 281–296 (1926)

Kappers, A.J.: Beitrag zur experimentellen Untersuchung von Funktion und Herkunft der
Kolmerschen Zellen des Plexus chorioideus beim Axolotl und Meerschweinchen. Z. Anat.
Entwickl.-Gesch. 117, 1–19 (1953/54)

Karnowsky, M.I.: The localisation of cholinesterase activity in rat cardiac muscle by electron
microscopy. J. Cell Biol. 23, 217–232 (1964)

Kasahara, S., Nagai, N.: On the Cultivation of the Pineal Gland. Trans. Jap. Pathol. Soc. 23,
455–456 (1933)

Kawiak, J.: The glycogen body of the chick in tissue culture. Folia morphologia 7, 125–132
(1956)

Kitano, Y.: Stimulation of Dendritogenesis in Human Melanocytes by Dibutyryl Adenosine
3', 5' – Cyclic Monophosphate in vitro. Arch. Derm. Forsch. 248, 145–148 (1973)

Klatzko, I., Miquel, J., Ferris, P.J., Prackop, L.D., Smith, D.E.: Observations on the passage
of fluorescent labeled serum proteins (FLSP) from the cerebrospinal fluid. J. Neuropath.
Exp. Neurol. 23, 18 (1964)

Kleestadt, B.: Experimentelle Untersuchungen über die resorptive Funktion des Epithels des
Plexus chorioideus and des Ependyms der Seitenventrikel. Z. Allgem. Pathol. Anat. 26,
161–177 (1915)

Klein, D.C., Binkley, S.A.: Regulation Of Indole Metabolism In Chickens And Rats. Brain-Endocrine Interaction, Symposium II: The Ventricular System In Neuroendocrine Mechanisms,
Abstract, Tokyo 1974

Klein, D.C., Berg, G.R., Weller, J., Glinsman, W.: Pineal Gland: Dibutyryl Cyclic Adenosine
Monophosphate Stimulation of Labeled Melatonin Production. Science 167, 1738–1740
(1969)

Klein, D.C., Berg, G.R.: Pineal gland: stimulation of melatonin production by norepinephrine
in vitro, cyclic AMP stimulation of N-acetyltransferase. Arch. Biochem. Psychopharmacol.
3, 241 (1970)

Klüver, H., Barrera, E.: A Method For The Combined Staining of Cells And Fibres In The Nervous
System. J. Neuropathol. exp. Neurol. 12, 400 (1953)

Knigge, K.M., Scott, D.E., Kobayashi, H., Ishii, S., (eds.): Brain-Endocrine Interaction II. The
ventricular System. Basel: Karger 1975

Köllicker, A. v.: Über die oberflächlichen Nervenkerne im Marke der Vögel und Reptilien. Z.
wiss. Zool. 72, 126–179 (1902)

Kolmer, W.: Über eine eigenartige Beziehung von Wanderzellen zu den Chorioidalplexus des
Gehirns der Wirbeltiere. Anat. Anz. 54, 15–19 (1921)

Krabbe, K.H.: Development of the pineal organ and a rudimentary parietal eye in some birds.
J. Comp. Neurol. 103, 139–149 (1955)

Krause, R.: Mikroskopische Anatomie der Wirbeltiere in Einzeldarstellungen. II. Vögel und
Reptilien. Berlin-Leipzig: Walter de Gruyter & Co. 1922

Krikun, B.L., Archenkova, A.M.: Primary culture of the Trypsinized Tissue of the vascular
Plexus of the Brain in Pig Embryo. YAK, 1966, 119–121

Krisman, C.R.: A method for the colorimetric estimation of glycogen with iodine. Analyt. Biochem. **4**, 17−23 (1962)

Lauber, J.K., Boyd, J.E., Axelrod, J.: Enzymatic synthesis of melotonin in avian body: Extraretinal response to light. Science **161**, 489−490 (1968)

Lervold, A.M., Szepsenwol, J.: Glycogenolysis in aliquots of glycogen bodies of the chick under the influence of various tissues. Fed. Proc. **20**, 77 (1961)

Leydig, F.: Kleinere Mitteilungen zur thierischen Geweblehre. Arch. Anat., Physiol. u. wiss. Med. (zit. nach Watterson, 1949), **21**, 296−348 (1854)

Lob, G.: Untersuchungen am Huhn über die Blutgefäße von Rückenmark und Corpus gelatinosum. Gegenbaurs morph. Jb. **110**, 316−358 (1967)

Lorenzo, A.V.: Cerebrospinal fluid transport of sulfate in the cat. Am. J. Physiol. **214**, 448−454 (1968)

Lorenzo, A.V., Cutler, R.W.P.: Amino acid transport by choroid plexus in vitro. J. Neurochem. **16**, 577−585 (1969)

Luft, I.H.: Improvements in Epoxy Resin Embedding Methods. J. Biophys. Biochem. Cytol. **9**, 409−414 (1961)

Lumsden, C.E.: Observations on the choroid plexus maintained as an organ in tissue culture. In: Ciba Found. Symp. Cerebrospinal Fluid, edited by G.E.W. Wolstenholme and C.M. O'Connor. Boston: Little, Brown **1958**, 97−119

Maickel, P.R., Cox, R.H., Saillant, J., Miller, F.P.: Fide Bürki Int. J. Neuropharmacol. **7**, 275 (1968)

Matulionis, D.H.: Analysis of the developing avian glycogen body. J. Ultrastructural morphology. J. Morph. **137**, 463−482 (1972)

Maxwell, D.S., Pease, D.C.: The electron microscopy of the choroid plexus. J. Biophys. Biochem. Cytol. **2**, 467 (1956)

McManus, I.F.A.: Histological Demonstration of Mucin after Periodic Acid. Nature (London) **158**, 202 (1946)

McMillan, J.: Pinealectomy abolishes the circadian rhythm of migratory restlessness. J. Comp. Physiol. **79**, 105−112 (1972)

Meller, K., Wechsler, W.: Elektronenmikroskopische Untersuchung der Entwicklung des telencephalen Plexus chorioideus des Huhnes. Z. Zellforsch. **65**, 420−444 (1965)

Meller, K., Wagner, H.H.: Vergleichende elektronenmikroskopische Untersuchungen des Plexus chorioideus der Maus in vivo und in vitro. Z. Zellforsch. **91**, 507−518 (1968)

Meller, K., Wagner, H.H.: Die Feinstruktur des Plexus chorioideus in Gewebekulturen. Z. Zellforsch. **86**, 98−110 (1968)

Meller, K., Wagner, H.H., Breipohl, W.: Das Verhalten trypsinisierter Plexus-chorioideus-Zellen in der Gewebekultur. Z. Zellforsch. **97**, 392−402 (1969)

Meller, K., Breipohl, W.: Elektronenmikroskopische und histoautoradiographische Befunde zur Purimycinwirkung auf ausreifende Plexus chorioideus-Zellen in vitro. Z. Zellforsch. **118**, 428−438 (1971)

Meller, K., Breipohl, W., Mestres, P.: Effect of 5-bromodeoxyurichin on the structure of differentiating choroid plexus cells in vitro. Exptl. Cell Res. **78**, 246−250 (1973)

Menaker, M.: Light perception by extraretinal receptors in the brain of the sparrow. Proc. 76th Ann. Covention Amer. Pyschol. Ass. **1968b**, 299−300

Menaker, M.: Extraretinal light perception in sparrows. I. Entrainment of the biological clock. Proc. Nat. Acad. Sci. U. S. **59**, 414−421 (1968a)

Menaker, M., Oksche, A.: The Avian Pineal Organ, in: Avian Biology. Vol. IV. D.S. Farner and I.R. King (eds.). New York: Academic Press 1974

Merker, G.: Einige Feinstrukturbefunde an den Plexus chorioidei von Affen. Z. Zellforsch. **134**, 565−584 (1972)

Milhorat, T.H.: Choroid plexus and cerebrospinal fluid production. Science **166**, 1514−1516 (1969)

Milhorat, T.M., Mosher, M.B., Hammock, M.K., Murphy, C.F.: Evidence For Choroid Plexus Absorption in Hydrocephalus. New Engl. J. Med. **283**, 286−289 (1970)

Milhorat, T.H., Hammock, M.K., Fenstermacher, I.D., Rall, D.P., Linne, V.A.: Cerebrospinal Fluid production by the choroid plexus and the brain. Science 173, 330−332 (1971)

Milhorat, T. H.: Structure and Function of the Choroid Plexus and Other Sites of Cerebrospinal Fluid Formation. Internat. Rev. Cytol. **47**, 225−288 (1976)

Milkovic-Zulj, K.P.: Dugotrajno Kultiviranje Epifize (Epiphysis cerebri) stakora in vitro. Acta medica Jugoslavia 7, 255–260 (1953)

Millen, J.W., Rogers, G.E.: An Electron Microscopie Study of the Choroid Plexus in the Rabbit. J. Biophysic. and Biochem. Cytol. 2, 407–416 (1956)

Möller, W., Cirelli, E.: Technik der Einbettung von Zellen aus der Gewebekultur für die Elektronenmikroskopie. Verhdl. Anat. Ges. Homburg (Saar) 1969. Anat. Anz. Erg. H. 126, 429–431 (1970)

Möller, W.: Über das Verhalten epithelialer und epitheloider Elemente (Plexus chorioideus, Glykogenkörper) aus dem Zentralnervensystem des Hühnchens in der Gewebekultur. Anat. Anz. Erg. H. 130, 319–320 (1972)

Möller, W.: Zur Cytologie eines circadianen aktiven neuroendokrinen Organs (Pinealorgans) in vitro. Verhdl. Anat. Ges. 67, 375–378 (1973)

Möller, W.: Zur Frage unterschiedlicher Oberflächenreaktionen der Plexus chorioidei I–IV des Huhns in vitro. Verhdl. Anat. Ges. 68, 335–341 (1974)

Möller, W.: Zum Formwandel spezialisierter Gliazellen (Glykogenkörper) in der Gewebekultur. Verhdl. Anat. Ges. (im Druck)

Möller, W.: Paraffinum Liquidum in einer Intermediumkombination für die Paraffineinbettung. „Mikroskopie" 32, 100–104 (1976)

Moore, R.Y., Klein, D.C.: Visual pathways and the central neural control of a circadian rhythm in pineal serotonin-N-acetyltransferase activity. Brain Res. 71, 17–33 (1974)

Morgan, J.F., Morton, H.J., Parker, R.C.: Nutrition of animal cells in tissue culture; initial studies on synthetic medium. Proc. Soc. exp. Biol. Med. 73, 1–8 (1950)

Morita, Y.: Absence of electrical activity of the pigeon's pineal organ in response to light. Experientia 22, 402 (1966)

Moszkowska, A.: Étude in vitro du rôle de l'epiphyse dans l'excretion d'hormones gonadotropes hypophysaires. Compt. rend. Acad. Sci. Paris 247, 1659–1662 (1958)

Moszkowska, A.: Le rôle de l'epiphyse dans la fonction gonadotrope hypophysaire. Étude in vitro. J. Physiol. (Paris) 51, 537–538 (1959)

Mukakami, M.: An electron microscopic study of the choroid plexus in the lizard, gecko japonicus. J. Elektronmicr. 10, 77–86 (1961)

New, D.A.T.: Development of explanted rat embryos in circulating medium. J. Embryol. exp. Morphol. 17, 513 (1967)

Nicolai, T.G.I.: Über das Rückenmark der Vögel und die Bildung desselben im bebrüteten Ei. Arch. Physiologie 11, 156–219 (1812)

Niessing, K.: Gestalt und Formenwandel der Gliazellen. Wissenschaftlicher Film B 751/1957. Göttingen: Institut für den wissenschaftlichen Film 1958

Oksche, A.: Der histochemisch nachweisbare Glykogenaufbau und Abbau in den Astrocyten und Ependymzellen als Beispiel einer funktionsabhängigen Stoffwechselaktivität der Neuroglia. Z. Zellforsch. 54, 307–361 (1961)

Oksche, A.: Histologische Untersuchungen über die Bedeutung des Ependyms, der Glia und der Plexus chorioidei für den Kohlenhydratstoffwechsel des ZNS. Z. Zellforsch. 48, 74–129 (1958)

Oksche, A.: Survey of the development and comparative morphology of the pineal organ. In: "Structure and Function of the Epiphysis Cerebri". J. Ariens Kappers and J.P. Schade, (eds.), pp. 3–29. Amsterdam: Elsevier 1965

Oksche, A.: Zur Frage extraretinaler Photorezeptoren im Pinealorgan der Vögel. Arch. Anat. Histol. Embryol. 51, 497–507 (1968)

Oksche, A.: Zur Differenzierung sensorischer und sekretorischer Strukturelemente im Zentralnervensystem. Verh. Dtsch. Zool. Ges., 64. Tagung, S. 72–79. Jena: Fischer 1970

Oksche, A.: Sensory and glandular elements of the pineal organ. Pineal Gland, Ciba Found. Symp. 1970, 127–146 (1971)

Oksche, A.: Circumventricular Structures and Pituitary Functions. International Congress Series No. 273 (JSBN 90 219 0169 2) Endocrinology, Proceedings of the Fourth International Congress of Endocrinology Washington 1972, pp. 73–79. Excerpta Medica, Amsterdam 1972

Oksche, A.: Altersveränderungen an den Plexus chorioidei des Menschen. In: D. Platt, Altern, Zentralnervensystem-Pharmaka-Stoffwechsel, 2. Gießener Symposium über Experimentelle Gerontologie 1973, 81–84. Stuttgart, New York: Schattauer 1974

Oksche, A.: Concluding remarks. In: Knigge, Scott, Kobayashi, Miura-shi and Ishii: Brain-Endo-
crine Interaction II. Ventricular System. 2nd. Intern. Symp. Schizuoka 1974, 388–392.
Basel: Karger 1975
Oksche, A.: Schlußbemerkungen. International Symposium On Circumventricular Organs, Rein-
hardtsbrunn 1975. Nova Acta Leopoldina (Halle) (im Druck)
Oksche, A., Kirschstein, H.: Elektronenmikroskopische Untersuchungen am Pinealorgan von
Passer domesticus. Z. Zellforsch. Mikrosk. Anat. 102, 214–241 (1969).
Oksche, A., Kirschstein, H., Vaupel-von Harnack, M.: Vergleichende Ultrastrukturstudien an
glykogenreichen Plexus chorioidei (Embryonalzustand, Winterschlaf). Z. Zellforsch. 94,
232–251 (1969)
Oksche, A., Kirschstein, H., Kobayashi, H., Farner, D. S.: Electron microscopic and experimental
studies of the pineal organ in the White-Crowned Sparrow, Zonotrichia leucophrys gambelii.
Z. Zellforsch. Mikrosk. Anat. 124, 247–274 (1972)
Oksche, A., Kirschstein, H.: Entstehung und Ultrastruktur der Biondi-Körper in den Plexus chorioidei des Menschen (Biopsiematerial). Z. Zellforsch. 124, 320–341 (1972)
Oksche, A., Möller, W.: Zytobiologie der Plexus chorioidei als Grenzfläche zwischen der Blutbahn
und dem Liquor cerebrospinalis. Eine Übersicht. Anat. Anz. 131, 433–447 (1972)
Oksche, A., Morita, Y., Vaupel-von Harnack, M.: Zur Feinstruktur und Funktion des Pinealorgans
der Taube (Columba livia). Z. Zellforsch. Mikrosk. Anat. 102, 1–30 (1969)
Oksche, A., Ueck, M., Rüdeberg, E.: Comparative ultrastructural studies of sensory and secretory
elements in different pineal organs. Mem. Soc. Endocrinol. 19, 7–25 (1971)
Oksche, A., Vaupel-von Harnack, M.: Über rudimentäre Sinneszellstrukturen im Pinealorgan
des Hühnchens. Naturwissenschaften 52, 662–663 (1965b)
Oksche, A., Vaupel-von Harnack, M.: Elektronenmikroskopische Untersuchungen zur Frage der
Sinneszellen im Pinealorgan der Vögel. Z. Zellforsch. Mikrosk. Anat. 69, 41–60 (1966)
Oksche, A., Vaupel-von Harnack, M.: Elektronenmikroskopische Studien über Altersveränderungen
(Filamente) der Plexus chorioidei des Menschen (Biopsiematerial). Z. Zellforsch. 93, 1–29 (1969)
Pappas, G. D., Tennyson, V. M.: An electron microscope study of the passage of colloidal particles
from the blood vessels of the ciliary processes and the choroid plexus of the rabbit. J. Cell.
Biol. 15, 227–239 (1962)
Pappenheimer, J. R., Heisey, S. R., Jordan, E. F.: Active transport of Diodrast and phenolsulfon-
phthalein from cerebrospinal fluid to blood. Am. J. Physiol. 200, 1–10 (1961)
Pappenheimer, J. R., Heisey, S. R., Jordan, E. F., Downer, J. D. C.: Perfusion of the cerebral
ventricular system in unanesthetized goats. Am. J. Physiol. 203, 763–774 (1962)
Parker, K. R., Hawn, C. V.: The culture of tissue in clots formed from purified bovine fibrinogen
and thrombin. Proc. Soc. Exp. Biol. Med. 65, 309 (1947)
Paul, E.: Histochemische, elektronenmikroskopische und quantitative Studien über den Glykogenvorrat der Plexus chorioidei von Rana temporaria L. Z. Zellforsch. 88, 511–536 (1968)
Paul, E.: Neurohistologische und fluoreszenzmikroskopische Untersuchungen über die Innervation
des Glykogenkörpers der Vögel. Z. Zellforsch. 112, 516–525 (1971)
Paul, E.: Experimentell-morphologische Studien am Glykogenkörper des Lumbalmarks und an
anderen glykogenreichen zirkumventrikulären Strukturen. Verh. der Anat. Ges. Zagreb.
1.–4. Juni 1971. Anat. Anz., Suppl. 130, 357–361 (1972a)
Paul, E.: Weitere enzymhistochemische und fluoreszenzmikroskopische Studien an den Plexus
chorioidei und an der Paraphyse von Rana temporaria L. Z. Zellforsch. 139, 76–91 (1972b)
Paul, E.: Histologische und quantitative Studien am lumbalen Glykogenkörper der Vögel. Z.
Zellforsch. 145, 89–101 (1973)
Peuler, J. D., Passon, P. G.: Anal. Biochem. 52, 574 (1973)
Pollay, M.: Cerebrospinal fluid transport and the thiocyanate space of the brain. Am. J. Physiol.
210, 275–279 (1966)
Pollay, M., Curl, F.: Secretion of cerebrospinal fluid by the ventricular ependyma of the rabbit.
Am. J. Physiol. 213, 1031–1038 (1967)
Pollay, M., Davson, H.: The passage of certain substances out of the cerebrospinal fluid. Brain
86, 137–150 (1963)
Pollay, M., Stevens, A., Estrada, E., Kaplan, R.: Extracorporal perfusion of choroid plexus.
J. Appl. Physiol. 32, 612–617 (1972)
Pontenagel, M.: Elektronenmikroskopische Untersuchungen am Ependym der Plexus chorioidei
bei der Rana esculenta und Rana fusca. Z. mikr. anat. Forsch. 68, 371–392 (1962)

Quadbeck, G.: Lipofuscin und Altern. In: D. Platt, Altern, Zentralnervensystem-Pharmaka-Stoff-
    wechsel. 2. Gießener Symposium über experimentelle Gerontologie 1973, pp. 81–84.
    Stuttgart-New York: Schattauer 1974
Quay, W. B.: Regional differences in metabolism and compostion of choroid plexus. Brain Res.
    2, 378–389 (1966)
Quay, W. B.: Regional and quantitative differences in the postweaning development of choroid
    plexus in the rat brain. Brain Research 36, 37–45 (1972)
Quay, W. B.: Regional differences in postweaning growth by choroid plexus as affected by dietary
    salt deficiencies. Amer. J. Anat. 134, 59–70 (1972)
Quay, W. B., Kahn, R. H.: Pineal histology and cytochemistry in organ culture. La Cellule 63,
    247–257 (1963)
Rall, D. P., Sheldon, W.: Transport of organic acid dyes by the isolated choroid plexus of the
    spiny dogfish S. acanthias. Biochem. Pharmacol. 11, 169–170 (1962)
Ralph, C. L., Dawson, D. C.: Failure of the pineal body of two species of birds (Coturnix coturnix
    japonica and Passer domesticus) to show electrical responses to illumination. Experientia
    24, 147–148 (1968)
Ralph, C. L., Lane, K. B.: Morphology of the pineal body of wild House Sparrows (Passer domesti-
    cus) in relation to reproduction and age. Can. J. Zool. 47, 1205–1208 (1969)
Rebello, M. A., Chiossoni, H. M.: Estructura e histoquimica de los coroideos de la rata. Acta
    Neurol. Latinoameric. 5, 93–101 (1959)
Renzoni, A., Eakin, R. M., Quay, W. B.: Cilia of modified structure in avian pineal organs.
    Electron Microsc. 1968, Proc. Eur. Reg. Conf., 4th. 1968, 563–564
Revel, J. P.: Electron microscopy of glycogen. J. Histochem. Cytochem. 12, 104–114 (1964)
Revel, J. P., Napolitano, L.: The fine structure of the glycogen body. Anat. Rec. 136, 264 (1960)
Revel, J. P., Napolitano, L., Fawcett, D. W.: Identification of glycogen in electron micrographs
    of thin tissue sections. J. Biophys. Biochem. Cytol. 8, 575–589 (1960)
Reynolds, E. S.: The Use Of Lead Citrate At High pH As An Electron Opaque Stain In Electron
    Microscopy. J. Cell Biol. 17, 208–212 (1963)
Robbins, E., Jentzsch, G.: Rapid embedding of cell culture monolayers and suspensions for elec-
    rone microscopy. J. Histochem. Cytochem. 15, 181 (1967)
Robinson, R. J., Cutler, W. P., Lorenzo, A. V., Barlow, C. F.: Development of transport mechanisms
    for sulfate and iodide in immature choroid plexus. J. Neurochem. 15, 455–458 (1967)
Robinson, R. J., Cutler, R. W. P., Lorenzo, A. V., Barlow, C. F.: Transport of sulfate, thiosulfate
    and iodide by choroid plexus in vitro. J. Neurochem. 15, 1169–1179 (1968)
Rodriguez, E. M.: Light and electron microscopy of granules in the toad choroid plexus.
    Z. Zellforsch. 82, 362–375 (1967)
Rodriguez, E. M., Heller, H.: Antidiuretic Activity And Ultrastructure Of The Toad Choroid
    Plexus. J. Endocr. 46, 83–91 (1970)
Rodriguez, E. M.: The Cerebrospinal Fluid As A Pathway In Neuroendocrine Integration.
    J. Endocr. 71, 407–443 (1976)
Romeis, B.: Mikroskopische Technik. 16. Auflage. München, Wien: Oldenbourg 1968
Romeu, F. G.: The existence of a glycogen body in the spinal cord of a cyprinodontiform teleost,
    Jenynsia lineata (Jenyns 1842). Z. Zellforsch. 57, 355–359 (1962)
Rose, G.: A Seperable And Multi-Purpose Tissue Culture Chamber. Tex. Rep. Biol. Med. 12,
    1074 (1957)
Rosner, J. M., de Pérez Bedés, G. D., Cardinali, D. P.: Direct effect of light on duck pineal explants.
    Life Sci., Part II 10, 1065–1069 (1971)
Rossmann, I.: The deciduomal reaction in the rhesus monkey I. Amer. J. Anat. 66, 277–365(1940)
Rüdeberg, C.: A Rapid Method for Staining Thin Sections of Vestopal W-Embedded Tissue for
    Light Microscopy. Experientia 23, 792–794 (1967)
Santolaya, C. R., Rodriguez, E. L.: The Sureface of the Choroid Plexus Cell under Normal and
    Experimental Conditions. Z. Zellforsch. 92, 43–51 (1968)
Sato, O., Asaj, T., Amano, Y., Hara, M., Tsugane, R., Yagi, M.: Formation of Cerebrospinal Fluid
    in Spinal Subarachnoid Space. Nature 223, 129–130 (1971)
Schachenmayr, W.: Über die Entwicklung von Ependym und Plexus chorioideus der Ratte.
    Z. Zellforsch. 77, 25–63 (1967)
Schaltenbrand, G.: Plexus und Meningen. In: Handbuch der mikroskopischen Anatomie des
    Menschen. W. Bargmann (Hrsg.), Bd. 4, Teil 2. Berlin-Göttingen-Heidelberg: Springer 1955

Schludermann, K.: Flimmerepithel der Plexus chorioidei vom Hühnchen in der Gewebekultur.
Z. mikrosk. anat. Forschung 43, 44 (1938)

Shein, H. M., Wurtman, R. J., Axelrod, J.: Synthesis of serotonin by pineal glands of the rat in
organ culture. Nature 213, 730–731 (1967)

Shimuzu, N., Kumamoto, T.: Lead-tetra-acetate-Schiff method for polysaccharides in tissue
sections. Stain Techn. 27, 97–106 (1952)

Shuangshoti, S., Netsky, M. G.: Histogenesis of choroid plexus in man. Am. J. Anat. 118,
283–316 (1966)

Sisson, W. B.: Physiology of the e choroid plexus and experimental studies of the cerebrospinal
fluid. A review. Bull. Los Angeles Neurological Soc. 34, 356–366 (1969)

Smith, D. E., Streicher, E., Milkovic, K., Klatzko, I.: Observations on the transport of proteins by
the isolated choroid plexus. Acta Neuropath. 3, 372–386 (1964)

Snedecor, J. G., Henrikson, R. C.: Effects of hormones on the glycogen content of the chick
glycogen body. Anat. Rec. 134, 641 (1959)

Snedecor, J. G., Ghareeb, G. E., King, D. B.: In vitro studies of chick glycogen body. Amer.
Zoologist 1, 470 (1961)

Snedecor, J. G., King, D. B., Henrikson, R. C.: Studies on the chick glycogen body: Effects of
hormones and normal glycogen turnover. Gen. Comp. Endoc. 3, 176–183 (1963)

Speransky, A. D.: Grundlagen der Theorie der Medizin. Berlin: Verlag Dr. Werner Saenger 1950

Sterba, G. (Hrsg.): Zentrumventrikulare Organe und Liquor. I. Sympos. Reinhardsbrunn, 1968.
Jena: Fischer 1969

Sterba, G. (Hrsg.): International Symposium on Circumventricular Organs. Deutsche Akademie
der Naturforscher Leopoldina, Reinhardsbrunn 1975 (im Druck)

Stieda, L.: Studien über das zentrale Nervensystem der Vögel und Säugetiere. Z. wiss. Zool. 19,
1–94 (1869)

Stiehler, R. D., Flexner, L. B.: A mechanism of secretion in the chorioid plexus. The conversion
of oxidation-reduction energy into work. J. biol. Chem. 126, 603–617 (1938)

Studnicka, F. K.: Untersuchungen über den Bau des Ependyms der nervösen Zentralorgane. Anat.
Hefte 15, 303–430 (1900)

Studnicka, F. K.: Parietalorgane. In: „Lehrbuch der vergleichenden mikroskopischen Anatomie
der Wirbeltiere“. A. Oppel (ed.), Part 5, pp. 1–248, Jena: Fischer 1905

Sundwall, I.: The chorioid plexus with special reference to interstitial granular cells. Anat. Rec.
12, 221–254 (1917)

Sutherland, E. W., Rall, T. W.: The relation of adenosine-3', 5'-phosophate and phosphorylase to
the actions of catecholamines and other hormones. Pharmacol. Rev. 12, 265–299 (1960)

Suzuki, Y., Ito, T.: Reserpine-induced glycogen accumulation in the epithelial cells of the mouse
choroid plexus. Brain Res. 70, 113–122 (1974)

Szepsenwol, J.: Effect of various diet on the glycogen body of the chick. Fed. Proc. 12, 141 (1953)

Szepsenwol, J., Michalski, J. V.: Glycogenolysis in the liver and glycogen body of the chicken after
death. Amer. J. Anat. 165, 624–627 (1951)

Tani, E., Ametani, T.: Sodium localization in the choroid plexus. Z. Zellforsch. 112, 42–53 (1971)

Tennyson, V. M., Pappas, G. D.: Electronmicroscope studies of the developing telencephalic
choroid plexus in normal and hydrocephalic rabbits. In: Disorders of the Developing Nervous System, edited by W. S. Fields and M. M. Desmond. Springfield, III.: Thomas 1961,
267–318

Tennyson, V. M., Pappas, G. D.: Fine structure of the developing telencephalic and myelen-
cephalic choroid plexus in the rabbit. J. Comp. Neurol. 123, 379–412 (1964)

Terni, T.: Ricerche sulla cosidetta sostanza gelatinosa (corpo glicogenico) del midollo lombosa-
crale degli Uccelli. Arch. ital. Anat. Embriol. 21, 55–86 (1924)

Themann, H.: Zur elektronenmikroskopischen Darstellung des Glykogens mit Best's Carmin.
I. Ultrastruct. Res. 4, 401–412 (1960)

Tochino, Y., Schanker, L. S.: Transport of serotonin and norepinephrine by the rabbit choroid
plexus in vitro. Biochem. Pharmacol. 14, 1557–1566 (1965)

Tochino, Y., Schanker, L. S.: Active transport of quarternary ammonium compounds by the
choroid plexus in vitro. Am. J. Physiol. 208, 666–673 (1965)

Tschirgi, R. C., Frost, R. W., Taylor, J. L.: Inhibition of cerebrospinal fluid formation by a car-
bonic anhydrase inhibitor, 2 acetylamino-1, 3, 4-thiadiazole-5-sulfonamide (Diamox). Proc.
Soc. Exp. Biol. Med. 87, 373–376 (1954)

Tsusaki, T., Eriguchi, K., Kojo, Y.: Über die basophil granulierten Zellen im Plexus chorioideus partis laterialis ventriculi telencephali. Yokohama Medical Bulletin **2**, 110–117 (1951)

Ueck, M.: Zur Ultrastruktur der Epiphysis cerebri der Vögel. Verh. Dt. Zool. Ges. Würzburg **1969b**, 509–518

Ueck, M.: Weitere Untersuchungen zur Feinstruktur und Innervation des Pinealorgans von Passer domesticus L. Z. Zellforsch. **105**, 276–302 (1970a)

Ueck, M.: Sensorische und sekretorische Strukturelemente des Pinealorgans und ihre funktionelle Bedeutung. Habilitationsschrift Gießen 1972a

Ueck, M.: Sensorische und sekretorische Strukturelemente in der Epiphysis cerebri der Vögel. Verh. Dt. Zool. Ges. Mainz **1972b**, 239–244

Ueck, M.: Fluoreszenz- und elektronenmikroskopische Untersuchungen an der Epiphysis cerebri verschiedener Vogelarten. Z. Zellforsch. **137**, 37–62 (1973)

Ueck, M.: Vergleichende Betrachtungen zur neuroendocrinen Aktivität des Pinealorgans. Fortschritte der Zoologie **22**, 167–203 (1974)

Ueck, M., Kobayashi, H.: Vergleichende Untersuchungen über acetylcholinesterasehaltige Neurone im Pinealorgan der Vögel. Z. Zellforsch. **129**, 140–160 (1972)

Vidmar, B.: The Development in vitro of the Embryonic Pineal Body of the Fowl. I. Embryol. exp. Morph. **1**, 417–423 (1953)

Vigh, B.: Das Paraventrikularorgan und das circumventrikuläre System des Gehirns. Studia. biol. hung. **10**, 1 (1971)

Vigh, B., Vigh-Teichmann, I.: Vergleich der Ultrastruktur der Liquorkontaktneurone und Pinealozyten. Verh. Anat. Ges. **68**, 433–443 (1974)

Vigh, B., Vigh-Teichmann, I., Aros, B.: Comparative Ultrastructure of Cerebrospinal Fluid-Contacting Neurons and Pinealocytes. Cell. Tiss. Res. **158**, 409–424 (1975)

Watterson, R. L.: Development of the glycogen body of the chick spinal cord. I. Normal morphogenesis, vasculogenesis and anatomical relationships. J. Morph. **85**, 337–389 (1949)

Watterson, R. L.: Mechanical separation and displacement of the paired primordia of the glycogen body of the chick spinal cord. Anat. Rec. **109**, 387 (1951)

Watterson, R. L.: Development of the glycogen body of the chick spinal cord. Journ. exp. Zool. **125**, 285–330 (1954)

Watterson, R. L., Spiroff, B. E. N.: Development of the glycogen body of the chick spinal cord. Physiol. Zool. **22**, 318–337 (1949)

Welch, K.: Active transport of iodide by choroid plexus of the rabbit in vitro. Am. J. Physiol. **202**, 757–760 (1962)

Welch, K.: Concentration of thiocyanate by the choroid plexus of the rabbit in vitro. Proc. Soc. Exp. Biol. Med. **109**, 953–954 (1962)

Welch, K.: Secretion of cerebrospinal fluid by choroid plexus of the rabbit. Am. J. Physiol. **205**, 617–624 (1963)

Welch, K.: The transport of materials by the choroid plexus. In: Cerebrospinal Fluid and the Regulation of Ventilation. C. McC. Brooks, F. F. Kao and B. B. Lloyd (eds.). Oxford: Blackwell **1965**, 413–421

Welch, K., Sadler, K.: Electrical potentials of choroid plexus of the rabbit. J. Neurosurg. **22**, 344–349 (1965)

Welch, K., Sadler, K., Gold, G.: Volume flow across choroidal ependyma of the rabbit. Am. J. Physiol. **210**, 232–236 (1966)

Welsch, U., Wächtler, K.: Zum Feinbau des Glykogenkörpers in Rückenmark der Taube. Z. Zellforsch. **97**, 160–168 (1969)

Wislocki, G. B., Dempsey, E. W.: The chemical cytology of the chorioid plexus and blood brain barrier of the rhesus monkey (Macaca mulatta). J. Comp. Neurol. **88**, 319–345 (1948)

Wislocki, B., Ladman, A. J.: The fine structure of the mammalian choroid plexus. In: The cerebrospinal fluid. CIBA Foundation Symposium, pp. 55–79. London: Churchill 1958

Wolff, F.: Funktionell-histologische Studien am Plexus chorioideus von Rana Temporania L. unter besonderer Berücksichtigung der Sekretionsfrage. Z. Zellforsch. **57**, 63–105 (1962)

Wolff, J.: Elektronenmikroskopische Untersuchungen über Struktur und Gestalt von Astrozytenfortsätzen. Z. Zellforsch. **66**, 811–828 (1965)

Wright, E. M.: Ion transport across the frog posterior choroid plexus. Brain Res. **23**, 302–304 (1970)

Wright, E. M.: Mechanisms of ion transport across the chorioid plexus. J. Physiol. **226**, 545–571 (1972)

Wright, E. M.: Accumulation and transport of amino acids by the frog choroid plexus. Brain Res.
44, 207–219 (1972)
Wurtmann, R. I., Axelrod, I., Phillips, L. S.: Melatonin synthesis in the pineal gland. Control by
light. Science 142, 1071–1073 (1963)
Wurtman, R. J., Axelrod, J., Kelly, D. E.: The Pineal. New York: Academic Press 1968
Wurtmann, R. J., Axelrod, J., Chu, E. W., Heller, A., Moore, R. Y.: Medial forbrain bundle lesions:
Blockade of effects of light on rat gonards and pineal. Endocrinol. 81, 509–514 (1967)
Ziesmer, C.: Silberfärbung an Paraffinschnitten. Eine weitere Verbesserung der Bodian-Methode.
Z. wiss. Mikroskopie und mikroskopische Technik 7, 415–481 (1952)

Sachverzeichnis – Subject Index

Hinweise auf Seiten mit Abbildungen sind *kursiv* gedruckt
Numbers in *italics* refer to pages with figures